川西北高寒地区传统民居特征及热工技术研究

杨 尽 刘 燕 等著

中国建筑工业出版社

图书在版编目（CIP）数据

川西北高寒地区传统民居特征及热工技术研究/杨尽等著．—北京：中国建筑工业出版社，2022.9
ISBN 978-7-112-27594-6

Ⅰ.①川… Ⅱ.①杨… Ⅲ.①寒冷地区-民居-建筑热工-研究-四川 Ⅳ.①TU111

中国版本图书馆 CIP 数据核字（2022）第 118552 号

本书以川西北高寒地区传统民居为研究对象，针对该地区民居采暖特点和清洁能源禀赋优势，运用建筑学、地理学、地质学等多学科理论与方法，结合实地调研测绘和现有民居建筑节能设计标准、绿色建筑评价标准等，开展传统民居特征及热工技术研究。

责任编辑：徐仲莉
责任校对：张　颖

川西北高寒地区传统民居特征及热工技术研究
杨　尽　刘　燕　等著
*
中国建筑工业出版社出版、发行（北京海淀三里河路 9 号）
各地新华书店、建筑书店经销
霸州市顺浩图文科技发展有限公司制版
北京建筑工业印刷厂印刷
*
开本：787 毫米×1092 毫米　1/16　印张：10　字数：245 千字
2022 年 8 月第一版　2022 年 8 月第一次印刷
定价：**58.00** 元
ISBN 978-7-112-27594-6
（39777）

《川西北高寒地区传统民居特征及热工技术研究》著写委员会

著　作： 杨　尽　刘　燕

成　员： 王春建　向明顺　赵印泉　范安东　赵仕波
冯文凯　赵其华　舒　波　成　斌　高庆龙
莫妮娜　许　晋　彭　蕾　徐冠立　龙剑平
何　勇　段林森　李少达　邓　苗　郭　利
丁正毅　刘孟黎　干大宣　王　晓　谈宇翔
刘安冉　杨文博　房彦妮　崔　亮

前言

FOREWORD

温室气体排放是导致全球气候变暖的主要原因之一，控制温室气体排放量，减缓气候变暖的幅度和速度，已成为全球关注的重点问题。随着城镇化进程加快和人民生产生活水平的提高，近年来民居建筑能源需求和碳排放量显著增加，民居建筑能耗在社会整体能耗中的比重不容忽视。2021年10月，国务院印发《2030年前碳达峰行动方案》（国发〔2021〕23号），聚焦2030年前碳达峰目标，对推进碳达峰工作作出总体部署，提出了加快更新建筑节能、市政基础设施等标准，提高节能降碳的要求。因此，从建筑节能视角开展相关研究，对于降低社会整体能耗和实现“双碳”目标至关重要。

我国高寒地区冰冻期长、昼夜温差大，居民为了应对漫长的严寒气候，需要长时间采暖，采暖能耗占总能耗的比例高。随着高寒地区居民对居住环境舒适度的要求越来越高，民居能耗也呈大幅度增加趋势。同时，我国高寒地区采暖大多依赖于薪材、草料和干牛粪等传统生物质能源，不仅热效率低，导致人居环境差，与之伴生的生态环境也呈现出不断恶化的态势。研究高寒地区传统民居热工技术，提升民居热舒适性的同时减少碳排放量，对实现“双碳”目标、推动宜居村镇建设与生态环境保护具有重要意义。

本书以川西北高寒地区传统民居为研究对象，针对该地区民居采暖特点和资源禀赋优势，运用建筑学、地理学、地质学等多学科理论与方法，结合实地调研测绘和现有民居建筑节能设计标准、绿色建筑评价标准等，开展传统民居特征及热工技术研究。本书论述了开展本研究的目的和意义，围绕绿色建筑、建筑热工性能、寒冷地区民居热工性能三个方面进行了文献梳理，对相关概念进行剖析；从自然环境、地质环境、人口聚居等分析了川西北高寒地区传统民居的环境特点，从空间分布、规模、聚集特征等研究该地区民居聚落的空间格局，阐述了该地区石木结构、土木结构和木结构民居的特点；对该地区传统民居进行分类研究，从体系要素、构造要素、结构要素、建筑装饰等方面剖析不同结构的传统民居特征；从微观和宏观两个尺度研究传统民居采暖能耗的影响因素，探索自然环境、社会环境、民居空间格局等对传统民居采暖的影响；对川西北高寒地区不同类型的传统民居进行实地测绘和保暖性能测试，收集当地居民对建筑围护结构、热舒适性、能源利用等方面的现实需求，利用EnergyPlus对传统民居采暖能耗进行模拟和分析；从传统民居的墙体、门窗、地面、屋顶等方面探索热工性能提升方式，研究不同类型传统民居的热工性能提升方案。希望本研究能为高寒地区传统民居热工技术优化与推广提供理论支撑和实践经验，助力“双碳”目标实现。

本研究由成都理工大学牵头，中国建筑西南设计研究院有限公司、西华大学、西南科技大学、四川省双龙建筑工程有限公司共同参与完成，得到四川省科技计划项目（2020YFS0308、2020YFS0309）、国家自然科学基金项目（42071232）和四川省高等学校人文社会科学重点研究基地“青藏高原及其东缘人文地理研究中心”的资助。同时，本书在写作过程中得到四川省黑水县人民政府、汶川县人民政府、丹巴县人民政府、四川省国土空间生态修复与地质灾害防治研究院、四川省国土整治中心、四川省乡村振兴局、西藏自治区乡村振兴局、成都市瑞丰制冷设备有限公司等的大力支持，借此机会，谨对他们的帮助和支持深表谢意！

由于编写时间比较仓促，编者学识和专业水平有限，本书中存在不足及疏漏之处在所难免，敬请读者批评指正！

2022 年 6 月

目录

CONTENTS

第1章 绪论

1.1 研究背景

城乡发展差距是建设社会主义现代化强国的主要制约因素。近年来，党和国家高度重视“三农”工作，强农惠农富农政策支持力度不断加强，农村社会事业得到长足进步，统筹城乡发展、城乡关系调整取得重大进展。同时也要看到，由于发展基础相对薄弱，我国城乡发展不平衡、不协调的问题依然比较突出。2017年10月，党的十九大报告首次提出“实施乡村振兴战略”，明确了坚持农业农村优先发展的总方略。乡村振兴，生态宜居是关键，建设美丽宜居的乡村既是实施乡村振兴战略的出发点，又是落脚点。乡村振兴的主体是农民，关键内容是生态宜居，民居聚落和建筑的宜居性是影响农民生活品质的重要因素。民居包含住宅以及由其延伸的居住环境，是人们聚居的场所，是承载乡村人口的空间载体，乡村振兴必然要求人们所处的生产生活环境更加宜居，成为安居乐业的美丽家园，可以满足人民群众美好生活需要。

受区位和地形地貌的影响，我国各地气候差异性较大，也决定了人们生产生活方式及建筑形式的多样性。在青藏高原地区和黄土高原的部分地区，为了应对漫长的严寒气候，冬季需要长时间采暖，在海拔较高、昼夜温差大的高寒地区，农村家庭采暖能耗占总能耗的比例更高。随着居民对居住场所环境舒适度需求不断提高，高寒地区民居的能耗也呈大幅度增加趋势。目前，我国高寒地区采暖大多依赖于薪材、草料和干牛粪等传统生物质能源，不仅热效率低，导致人居环境差，而与之伴生的生态环境也呈现出不断恶化的态势，温室效应等问题已严重威胁着人类的生存。2021年8月，IPCC AR6报告指出“未来几十年里，全球气候变化都将加剧，要立即、迅速和大规模地减少温室气体排放”。为此，我国在2020年9月宣布力争2030年达到碳达峰，努力争取2060年前实现碳中和。如何在满足人民日益增长的宜居需求的同时，推进“双碳”工作，实现村镇宜居与降碳协同增效，是新时期亟待解决的问题。

随着能源危机、环境污染、全球气候变化等问题的出现，绿色可持续的建筑已成为当代建筑发展的主流（刘加平，2021）。在中国社会经济进入绿色发展的新时期，如何贯彻“低碳、绿色、智慧、健康”等理念，怎样对既有建筑进行绿色更新与品质提升，是面临的两大挑战（刘加平，2020）。在2021年7月中共中央办公厅、国务院办公厅印发的《关于推动城乡建设绿色发展的意见》中明确指出，需从建设高品质绿色建筑、提高城乡基础设施体系化水平、加强城乡历史文化保护传承、实现工程建设全过程绿色建造、推动形成绿色生活方式五个方面转型发展要求。2022年2月24日，住房和城乡建设部相关负责人在国务院新闻发布会上提到，深入推进美丽宜居乡村建设，大力推广绿色建筑。可见，绿色建筑需要在乡村地区深入推广，减少乡村地区碳的排放，助力国家实现“双碳”目标，是绿色建筑发展的重点。农业农村领域的节能减碳空间巨大，推进农业农村领域碳达峰碳中和，是加快农业生态文明建设的重要内容。根据相关研究和实地调查数据显示，高寒地区农村居民人均能源消费量约 1t 标准煤，虽然不及全国平均水平，但是考虑到高寒地区民居采暖能耗占总能耗的大部分，采暖方式、供暖设施落后，民居尤其是传统民居的围护结构保暖性能差，供暖效率低，因此高寒地区节能减碳潜力巨大。

川西北高寒地区位于青藏高原东南缘，地处中国最高一级阶梯向第二级阶梯云贵高原和四川盆地过渡地带，属横断山系，地貌以高山高原和高山峡谷为主，包含寒冷地区和严寒地区两种气候分区。区内具有特殊的地理位置、地质环境、人文环境，自然资源、旅游资源和人文资源等，资源禀赋独特，拥有大量传统聚落和藏羌民居，是研究传统民居宜居性、建筑绿色性等不可多得的“活化石”。该地区冬季空气含氧量是内地的 60%～85%，冰冻期长，昼夜温差大，冬季平均气温低于－5℃，最低气温达－40℃，群众生产生活大多依赖传统能源，热效率低、人居环境差。同时，该地区是四川省太阳能资源最为丰富的地区，冬季日照率达 70%以上，属于太阳能采暖节能气候区划中划定的气候最佳区域，有很大的开发利用价值。在绿色低碳发展的政策指引下，太阳能供暖获得大好的发展时机。因此，以川西北高寒地区传统民居为研究对象，全面分析该区域传统民居空间格局和特征，剖析传统民居采暖能耗影响因素，研究其热工提升技术，提升清洁能源的利用率，既是区域绿色发展的必由之路，又是实现“双碳”目标的重要工作。

1.2 研究目的和意义

1.2.1 研究目的

在“双碳”背景和生态宜居需求导向下，我国高寒地区传统民居热工技术正处于探索和论证阶段，有许多关键问题亟须解决。针对高寒地区传统民居热效率低、碳排放量高和难以实现太阳能全天候供热等技术难题，本书以川西北高寒地区为研究区，运用建筑学、地理学、地质学等多学科理论与方法，分析该地区传统民居空间格局，从民居类型和建筑材料研究川西北高寒地区传统民居特征，从朝向、结构与构造等剖析传统民居采暖能耗的影响因素；从四川省黑水县、汶川县、炉霍县选择典型传统民居为对象，利用图像采集、信息获取、虚拟仿真模拟和可视化分析等技术，在充分尊重当地传统建筑文化传承的基础上，研究传统民居热工提升技术，为高寒地区传统民居热工技术推广与实践优化提供理论支撑和技术支持。

1.2.2 研究意义

在乡村振兴背景下，生态宜居是重要的建设内容。川西北高寒地区在脱贫攻坚时期实现了农村人居环境的全面提升，但由于冬季寒冷漫长，当地依靠烤火采暖，采暖持续时间长达 5～6 个月，生活能耗绝大部分为民居采暖能耗，距离实现乡村全面振兴、农业强、农村美、农民富的乡村振兴战略目标还有很多差距。面对川西北高寒地区传统民居能耗高、采暖造成的污染大及民居舒适性低等问题，如何满足区域居民生活质量提升的同时，实现与降碳的协同增效，不仅有利于降低建筑能耗，还能有效提升建筑环境的宜居性，是加快地区生态文明建设的重要内容，也是落实乡村振兴战略的重要举措。

川西北高寒地区是国家重要生态屏障，在实现碳达峰、碳中和目标中肩负着重要的使命和责任，为了提高川西北高寒地区民居的保温性能，需积极采取主动式与被动式采暖改造提升。面对该区域农村经济水平普遍偏低的现状，如何平衡改造与维护成本，实现在提高传统民居性能指标的同时，节约采暖成本，是实现川西北高寒地区采暖指标提升的可持续发展策略。因此，本书立足当地丰富的太阳能资源禀赋优势，通过对川西北高寒地区传统民居进行科学的节能设计，研究传统民居热工提升技术，对于高寒地区节能设计改造具有直接的参考价值，有利于促进能源、经济、环境协调发展。

1.3 相关概念解读

1.3.1 传统民居

"民居"一词，可追溯到《礼记·王制》中"凡居民，量地以制邑，度地以居民。地邑民居，必参相得也"。此处的"民居"有"使民众居住、安置"的意思。后来，"民居"演变为"民宅""民房"的含义，泛指普通百姓的居住之所。如《新唐书·五行志》就有"开成二年六月，徐州火，延烧民居三百馀家"的记载。根据《中国大百科全书》的解释，中国在先秦时代，帝居或民舍都称为宫室；从秦汉开始，宫室才专指帝王居所，而帝宅专指贵族的住宅……近代则将宫殿、官署以外的居住建筑统称为民居（杨廷宝等，1988）。随着越来越多的科研人员加入到民居研究的队伍中，不同学者对"民居"的定义有不同的理解。陆鼎元认为：民居，指民间的居住建筑，有狭义和广义之分，狭义的民居主要指传统民居，包括古代、近代，为了区别于现代新住宅而称；广义的民居有两类，一是包括民间建筑，如祠堂、会馆、作坊等；二是包括民居群，即历史性文化街区，是整片成街成区的传统民居，而不是单栋建筑物。

"传统民居"即民间传统居住建筑，自古有之，无论国别，它与人类相伴，关系极为密切（熊梅，2017）。对"传统"的理解，其实是一个动态的概念，是一个在时间上、空间上和使用功能上相当宽泛的概念（单德启，2009a）。指历代传承下来的具有本质性的模式、模型和准则的总和（单德启，2004）。传统民居既不是指最原始的居住建筑，也不是指某一特别时段的居住建筑，而是指发展到今天之前所存在的、已形成的文化定式与物质形态的较具典型意义的居住建筑（朱良文，2011）。也有学者认为，传统民居是指大体在建国以前，历史上传承下来的城镇和乡村普通老百姓赖以生存和生活的居住建筑，这些民宅是成群聚集在一起形成了村（寨或堡）、镇、街区，其拓展范围就是中国传统民居聚落，包含在这些民宅群中所有的公共性建筑，如祠堂、书院、家庙、鼓楼、风雨桥等，以及商住建筑（单德启，2009b）。

1.3.2 建筑热工

《民用建筑热工设计规范》GB 50176—2016 将建筑热工定义为：研究建筑室外气候通

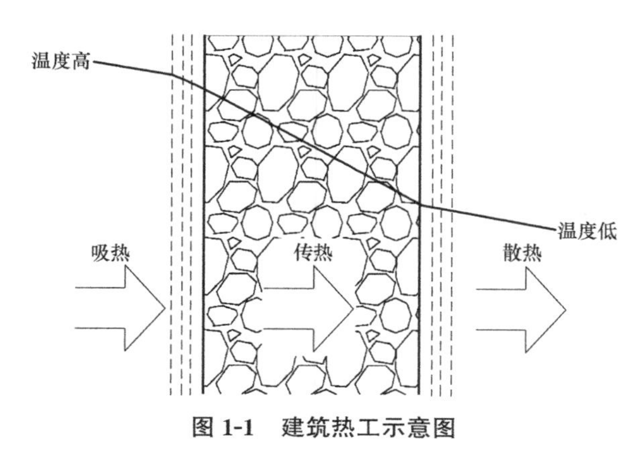

图 1-1　建筑热工示意图

过建筑围护结构对室内热环境的影响、室内外热湿作用对围护结构的影响，通过建筑设计改善室内热环境方法的学科。建筑热工是建筑物理的声、光、热3个基本研究领域之一，从理论层面讲，建筑热工是研究建筑室外气候通过建筑围护结构对室内热环境的影响（图1-1），研究室内外热、湿共同作用对建筑围护结构的影响；从技术层面讲，它是研究如何通过合理的建筑设计和采用合适的建筑围护结构来削弱建筑室外气候对室内热环境的不利影响，研究如何通过采用合适的材料和构造形式来削弱室内外热湿共同作用对建筑围护结构的不利影响（林海燕等，2013）。建筑热工的主要任务是以热物理学、传热学和传质学作为其理论基础，应用传热、传质规律，通过规划和建筑设计手段，有效地防护和利用室内外气候因素，合理地解决建筑设计中围护结构的保温、隔热和防潮等方面的问题，以创造良好的室内气候环境并提高围护结构的耐久性（山东省建设厅执业资格注册中心，2003）。

1.3.3　民居采暖

民居采暖也称民居供暖、供热，主要是指通过对建筑物自身及防寒取暖装置的设计，使建筑物内获得适当的温度的手段，以便在冬季创造舒适的生活或工作环境（刘方亮等，2016）。冬季建筑物室外温度低于室内温度，在温度差的作用下，室内热量自发地由室内传到室外，为了使人们能有一个舒适的工作和生活环境，就必须向室内补充一定的热量，向室内提供热量的工程设备称为采暖系统。

目前比较常用的民居采暖方式有集中供暖、空调、电热供暖、燃气壁挂炉采暖等。随着能源的消耗和国家对环境保护的重视，出现了越来越多的绿色供暖方式，主要有空气源热泵供暖、地源热泵供暖、太阳能辐射采暖系统、生物质压块采暖炉、生物质颗粒采暖炉等。就目前而言，川西北高寒地区绝大多数传统民居主要采用传统的采暖模式，对能源的利用率并不高。如何改变现有的采暖模式，提高能源利用效率，选用更加清洁的供暖能源与供暖方式，是川西北高寒地区传统民居绿色宜居性能提升时要着重考虑的问题。川西北高寒地区太阳能资源丰富，采用太阳能采暖系统是最适宜该地区的绿色采暖方式之一。该系统是一种以太阳能集热器作为热源，热水通过室内采暖管道，使室内采暖管道温度升高，从而对房间进行供暖的方式。由于采用采暖管道作为散热器，以辐射散热为主，符合人体对热量的需求，具有较好的舒适感。

1.3.4　采暖能耗

采暖能耗是指用于建筑物采暖所消耗的能量，其中采暖能耗主要指建筑物耗热量和采暖耗“煤”量。建筑物耗热量指标是指在采暖期间平均室外温度条件下，采暖建筑为保持室内计算温度，单位建筑面积在单位时间内消耗的、需由室内采暖设备供给的热量。采暖耗“煤”量是指在采暖期室外平均温度条件下，为室内计算温度，单位建筑面积在一个采暖期内消耗的标准煤量（刘加平，2009）。通过测量建筑采暖能耗指标来判断建筑节能情况，是建筑能耗判断常用的方式之一。

2020年9月22日，习近平总书记在第七十五届联合国大会一般性辨论上指出，中国二氧化碳排放力争于2030年前达到峰值，努力争取2060年前实现碳中和。我国主动降低碳排放强度的各项行动，充分体现了我国政府在针对全球气候变化的过程中所表现出的积极态度和负责任的大国形象。与发达国家不同，我国的城镇化建设正处于关键时期，能源需求量大，在产能能力较差和能源储量较低的双重压力下，如何有效降低能耗，减少二氧化碳排放量仍是一个极具挑战性的难题。作为与交通业和工业领域并列成为我国能源消费主体产业之一的建筑业，已经成为节能减排工作重点关注的对象，如何有效降低建筑能耗，合理高效地利用清洁能源，也是建筑行业所面临的挑战。近年来，我国开展了北方采暖地区既有居住建筑供热及节能改造工作，同时提高了新建建筑的节能设计标准，我国城镇居住建筑单位面积采暖能耗明显降低，但实际运行能耗与目标能耗仍存在一定差距。农业农村领域的节能减碳空间巨大，并逐渐得到重视，开展乡村地区的节能设计，将有效降低乡村地区的采暖能耗。

1.3.5 能源效率

能源效率简称能效，按照物理学的观点，是指在能源利用中，发挥作用的与实际消耗的能源量之比（刘传庚等，2011）。从消费角度看，能效是指为终端用户提供的服务与所消耗的总能源量之比。降低采暖能耗不能以牺牲室内的热舒适为代价，而是将有限的资源尽可能地发挥作用，积极提升能效。围护结构的传热耗热量约占建筑物总失热的77%，因此减少建筑围护结构的传热耗热量是能效提升的重要方面。通过改善围护结构来提升能源利用效率可分为外围护结构和内围护结构，外围护结构主要针对外墙、门窗、屋顶和地坪，外设保温层是在民居设计时常用的手段，还可以通过提升门窗的气密性等方式来提高门窗的保温性能，进而提升能效。在热能资源丰富的地区，合理地利用清洁能源，也是能效提升的重要手段。川西北高寒地区丰富的太阳能资源为传统民居的能效提升提供了有效清洁能源。可在民居朝向选择、建筑围护结构、太阳能利用等方面减少采暖能耗，提升能源利用率。

1.4 国内外相关研究进展

1.4.1 绿色建筑研究进展

1. 国外绿色建筑相关研究进展

国外对于绿色建筑研究相对较早，早在20世纪60年代，意大利建筑师Paola Soleri（保罗·索勒瑞）把“生态学”和“建筑学”的两个词联系到一起，提出了“生态建筑学”的概念，人们开始关注建筑领域的生态环保问题。20世纪70年代，面对工业化相伴的环境污染问题，英国、德国等工业发达国家开始关注建筑节能的研究。如何提升围护结构的热工指标，如何利用太阳能、风能、地热能等技术成为探索的主要内容，并得到广泛应用。进入 20 世纪 90 年代后，随着研究的深入，关于因建筑节能带来的舒适性问题及建造规范、政策及评估标准等内容关注度逐渐提升，节能体系也日趋完善。英国在 1990 年制定了世界首个绿色建筑评估标准；1992 年，在巴西“联合国环境与发展大会”上，“可持续发展”的观念到了国际社会的广泛接受，并首次提出绿色建筑的概念；1993 年，国际建筑师协会第 18 次大会发表了《芝加哥宣言》，号召全世界建筑师把环境和社会的可持续性列入建筑师职业及其责任的核心；1999 年，国际建筑师协会第 20 届世界建筑师大会发布的《北京宪章》，明确要求将可持续发展作为建筑师和工程师在新世纪中的工作准则。

进入 21 世纪后，绿色建筑理念得到了人们的认可，学术界对绿色建筑的研究也更加深入。日本在绿色建筑方面提出了“建筑的节能与环境共存设计”与“环境共生住宅”的概念（吴庆驰，2010），引发了全球对绿色建筑评估的热潮，多国相继出台了符合地域特点的绿色建筑评估体系，极大地规范和推动了绿色建筑的发展。目前欧洲的绿色建筑处于全球的最高水平，但绿色建筑数量增长最快的区域将在亚洲（汤民等，2019）。从 20 世纪 60 年代至今，经过半个多世纪的发展，人们对绿色建筑越来越重视（图 1-2），面对能源危机与转型，今后一段时间，绿色建筑将迎来蓬勃发展的阶段。目前针对绿色建筑效益的评价大多采用信用评级系统，但是这不能反映改善后的建筑能否满足居民需求（Altomonte 等，2016；Gou 等，2013）。因此学者们认为绿色建筑不仅是减少能耗和资源消耗，也要有助于提高居民的体验感和满意度（Khoshbakht 等，2018）。与此同时，相关学者研究发现，现有绿色建筑相关的研究大多集中于环境方面的绿色营建，可持续性方面仍有待加强（Zhou 和 Zhao，2014）。

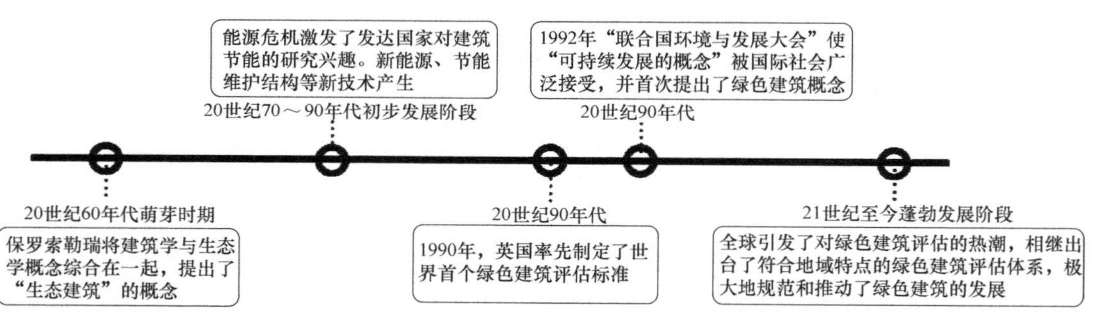

图 1-2　国外绿色建筑的发展历程

除了理论研究，在实践方面也取得较大进展。早在 1991 年，菲斯特博士在“被动房”建筑设计理论影响下，在德国的达姆施塔特住宅设计中进行了实践，经过对比，人们发现即使经过 25 年，该住宅依旧具有良好的性能，所有的结构到现在仍然没有热桥产生。随着研究的不断深入，对新能源的利用成为学者们关注的焦点。2002 年建成的 BedZED（贝丁顿）社区是世界上第一个零二氧化碳排放的社区，是英国最大的环保生态小区。贝丁顿社区位于伦敦附近的萨顿市，占地 1.7hm^2，包括 271 套公寓和 2369m^2 的办公、商品用房。贝丁顿社区拥有包括公寓、复式住宅和独立洋房在内的 82 套住房，另有大约 2500m^2 的工作空间。英国贝丁顿社区通过建筑材料的回收或再生、高效的建筑保温性能、太阳能、风能利用，提高能源系统效率等措施，达到建筑在建造阶段和使用阶段均能实现零能耗的目标。自居民 2002 年入住以来，它蜚声世界，是国际公认最重要的可持续能源建筑与居住的范例，被英国皇家建筑师协会评为 21 世纪城市可持续发展示范居住项目。美国著名的“ZEMP House”住宅通过创新性的隔热解决方案，最大限度地减少能源的使用，被誉为2019年全球七大最佳主动式建筑。该民居的平均日照率为5.9%，主房间和一半卫生间的日照采光满足了最基本要求。其节能建筑技术主要体现为材料、功能与形式对气候的适用性。比较突出的是其所有玻璃窗区域的自动遮阳系统不仅能有效节省热、光，并利用其储存能源功能有效减少供暖期间的能源成本，空气质量也得到控制，提高了室内的舒适度。在围护结构方面，墙壁由获得环境保护产品认证的麻块砖砌成，并通过使用创新的隔热解决方案，将围护结构的热量损失得以最小化，减少了热桥并形成密封结构。

2. 国内绿色建筑相关研究进展

相对于国外，我国绿色建筑研究起步较晚。从我国绿色建筑研究进程来看，20世纪80年代顾孟潮就提出了“未来的世界是生态建筑学的时代”的观点。20世纪90年代，绿色建筑概念引入我国，随着1994年《中国21世纪议程》的通过，我国绿色建筑发展正式起步。2004年9月建设部“全国绿色建筑创新奖”的启动正式掀开我国绿色建筑发展序幕。2006年《绿色建筑评价标准》、2007年《绿色建筑评价技术细则》等标准相继出台，标志着我国绿色建筑设计与评价体系逐步建立。在此基础上，相关学者探索了绿色建筑设计原则，为绿色建筑设计的工程实践提供新思路（陈宏和甘月朗，2016）。2008年我国开始评价“绿标建筑”，绿色建筑发展进入加速阶段。至2016年新版“建筑八字方针”，提出“适用、经济、绿色、美观”；突出建筑使用功能以及节能、节水、节地、节材和环保，防止片面追求建筑外观形象。从此，“绿色”不再是一种特定的建筑类型或思潮，而成为对中国当代建筑的普遍要求。

我国自2008年4月正式开始实施绿色建筑评价标识制度以来，截至2020年底，全国城镇建设绿色建筑面积累计超过50亿平方米。2020年新建绿色建筑占城镇新建民用建筑比例达到77%，获得绿色建筑评价标识的项目达到2.47万个，建筑面积超过25.69亿平方米，并树立了一批示范项目和标杆项目。绿色建筑在节地、节能、节水、节材和环境友好等方面的综合效益已初步显现（连世洪等，2021）。

近年来，我国社会经济快速发展，能源问题也日益突出，作为能耗最大的行业，建筑能耗的问题也越来越突出。《中国建筑能耗研究报告（2020）》相关统计数据显示，全国建筑运行阶段能耗约占全国能源消耗总量的20%。因此，具有巨大节能减碳潜力的绿色建筑将逐步成为建筑行业发展的趋向，大力发展绿色建筑，有利于碳达峰、碳中和目标实现。近年来国内关于绿色建筑的研究仍是热点，在中国知网以“绿色建筑”为主题词进行文献检索，由图1-3可以看出，自1994年开始到2014年的20年间，我国对绿色建筑的

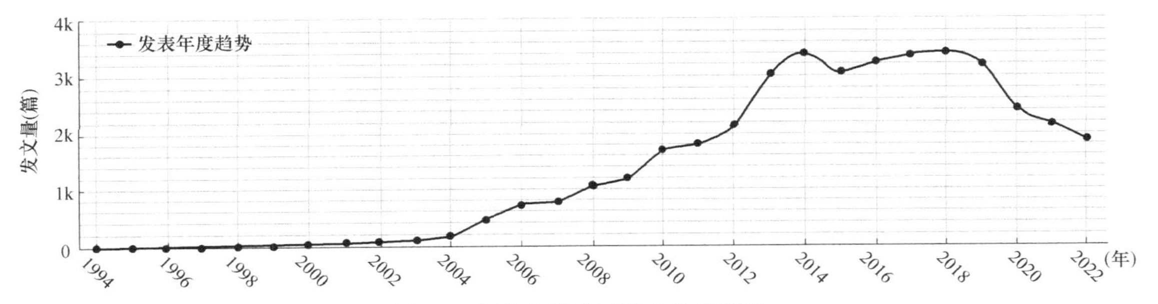

图1-3　绿色建筑主题论文数量变化

关注度逐年提高，2014～2018 年研究文献一直处于较高的水平，2018 年至今出现逐渐降低的趋势。

图 1-4 可以看出，在与绿色建筑相关的研究主题中，研究热度最高的是“绿色建筑”，其次是“绿色建筑设计”，再次是“建筑设计”，但在绿色建筑关键词下，建筑围护结构相关的研究较少。

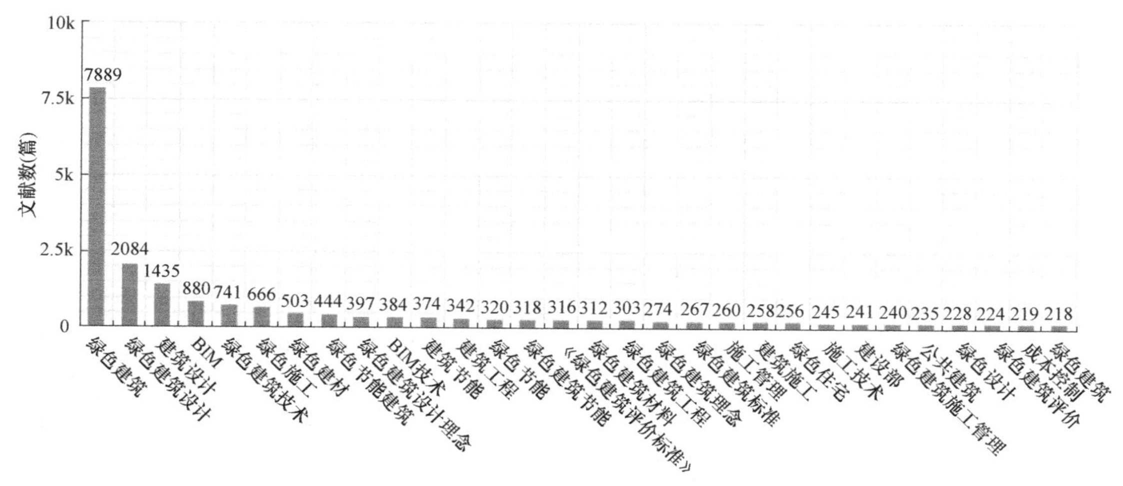

图 1-4　绿色建筑相关主题论文数量统计

国内绿色建筑相关方面，刘加平院士等根据我国西部地区的地域环境条件，采用定性和定量相结合的方法，对该地区传统民居所蕴含的气候及生态经验进行研究，分析了适合陕南山地气候环境的新型夯土生态住宅，提出适宜黄土高原地区的新型阳光间式窑居建筑，并建立传统与新型窑居建筑室内外热过程的模拟与测试评价程序，创作出多种新型窑居建筑方案，并且现在已可实现建筑的零能耗运行（刘加平和张继良，2004）。

绿色凹宅是华南理工大学团队提出的一种适宜中国发展的节能型住宅概念，该住宅中庭内凹，为玻璃包裹着的一方浅水。夏季，中庭全开，池中充满清水，形成穿堂风效果，从三面推进入室内，最后从屋后的窗户离开。冬季，庭院的水排放到灰水收集箱，合上门窗，形成阳光房，此时，水落石出，层层鹅卵石营造出禅意十足的氛围，阳光射入庭院，进而辐射入室内，同时，鹅卵石在白天蓄积了庭院的热量，到夜晚，再将热量慢慢释放出来。通过这种自然的能源利用方式有效降低了房屋能耗（沈澄，2019）。

近年来，国内关于绿色建筑评价体系构建的研究也不断涌现，学者们对 LEED 系统结构体系、Geeen Mark 和中国绿色建筑标准等进行分析，从评价对象、评价指标、权重确定等方面进行多方面的对比，梳理了各自的优缺点，为我国绿色建筑评价标准优化提出了建议（李涛和刘丛红，2011；冀媛媛等，2015；李蕾等，2016）。同时，绿色建筑评价的方法也日益丰富，为衡量绿色建筑的绿色程度提供了科学性和可靠性。魏晓和董莉莉（2016）根据绿色建筑评价的需求设计 LM-BP 法，很好地对绿色建筑进行综合评价，并且提高了评价准确度。崔璐璐（2019）为解决过去绿色建筑评价系统采用单一能耗计算方法导致评价准确率低的问题，基于不同能耗计算方法的绿色建筑节能评价系统，对绿色建筑的围护结构以及室内空气传热情况进行评价，并与国家标准进行对比，发现该系统评价结果较为准确。

1.4.2 建筑热工性能研究进展

1. 国外建筑热工性能相关研究进展

建筑热工学发源于德国，发展于苏联。福庚的《房屋围护部分的建筑热工学》，什克洛维尔、华西列夫、乌什可夫的《建筑热工学基础》，木村建一的《建筑设备理论基础演习》等著作，对全球建筑热工的基础理论和实践应用研究起到积极的推动作用。1995 年，日本建筑师藤森照信设计的东京蒲公英之家，被誉为全球十大绿色生态建筑之一，其对建筑与绿化共生的探索为之后建筑的发展提供了新的方向。建筑师对建筑物进行立体绿化节能设计，使植物攀爬于建筑外墙上或种植在屋顶的平台和空中庭园中，让其成为外围护结构的有机组成部分，建筑外墙绿化后，可使冬季的热损失减少 30%，夏季建筑的外表面温度比邻近街道的环境温度低 5℃左右。

随着数字技术、人工智能的迅猛发展和计算机模拟技术的成熟，在建筑更新方面越来越关注方案设计阶段的技术优选和多目标综合优化（Alanne，2014）。之后，关于建筑围护结构改造技术措施的有效性评价和量化模拟分析纷纷涌现。《既有建筑绿色改造》中介绍了 10 个 LEED 认证项目和 25 个优秀改造案例，具体案例详细介绍了围护结构各部位的改造技术体系及其对建筑能效性能的影响，为围护结构的改造提供了清晰的流程，对后续围护结构的改造研究具有借鉴意义（Yudelson，2009）。Sadineni 等（2011）从建筑能效提升的视角，对屋顶、外窗、外墙节能、保温材料的运用和围护结构各部位相应的改造策略做了详尽的阐述。Shen 等（2013）以单面采光且具备可调节卷帘式遮阳的办公房间为模拟对象，借助敏感度分析方法，研究外窗大小、遮阳卷帘的可见光透过率、遮阳内外表面的反射率、房间长宽比、外墙传热系数、外窗类型、外窗朝向七个变量对于建筑能耗的影响，并且考虑了办公空间室内光环境优化所带来的节能效果。

建筑围护结构是建筑热工性能研究的重点之一。在建筑围护结构相关研究方面，Krstic-Furundzic 等（2015）对现有的围护结构改造技术进行了总结，然后根据建筑特点选取适宜的改造策略，对建筑改造后的能效性能进行模拟比较，进一步分析了各项措施所带来的二氧化碳减排效果。Goia（2016）以欧洲四个典型城市为例，综合考虑建筑的能效性能与室内自然采光情况，研究了典型建筑各朝向窗墙比对建筑采暖能耗、制冷能耗与照明能耗的影响，得出窗墙比在 0.3～0.45 时建筑能耗较小的结论。Vaisi 等（2019）以优化室内天然采光与避免室内获得过多的太阳辐射热为目标，模拟研究了窗地比、外窗形状对室内采光系数、眩光指数、建筑能耗的影响，提出了最佳窗地比的范围为 15%～24%。Lpez-Ochoa 等（2020）以将西班牙寒冷气候区的某既有建筑改造为近零能耗建筑为研究目的，模拟得出四种保温材料的适宜厚度为 94～104mm，结合透明围护结构的替换，改造后建筑整体节能率为 70.67%～ 80.67%，并综合评估了围护结构改造对于能源、环境和经济发展的重要性。

2. 国内建筑热工性能相关研究进展

在工业革命前，因受建筑结构和材料技术的限制，建筑外围护结构必须同时满足承重、围护、采光及通风功能，开窗面积非常有限，建筑内部的采光条件较差。工业革命后，钢铁工业发展迅速，新型的承重体系和材料分担了外围护结构的承重功能，现代主义建筑随之诞生，玻璃幕墙等得以广泛使用，极大地改善了建筑内部光线，但是由于这些材料缺乏保温隔热性能，也造成建筑能耗急剧上升。到20世纪70年代，能源危机促使人们开始注重外围护结构的热工性能，现代主义代表的单层玻璃幕墙热工性能极差，冬季采暖与夏季制冷需要消耗大量的能源，因此人们开始限制窗墙比和体型系数，建筑室内采光环境再次受到影响。昏暗的室内环境难以满足人们的生活需求，要满足室内的采光条件，同时还要满足建筑能耗的要求，提高建筑围护结构的保温性能，成为建筑业共同努力的目标。同时，现代建筑既要抗御严寒、酷暑，创造适宜的室内热环境，满足人们生活、工作和开展社会活动的需要，又要考虑降低供暖、空调、照明的能源消耗，同时还要考虑节约投资和延长使用寿命（林海燕等，2013）。因此，建筑热工技术也显得越来越重要。

以陈启高、胡璘教授为代表的一大批学者在苏联专家的指导下，广泛开展了建筑热工的基础理论和实践应用研究，如南方建筑的夏季防热设计理论和方法、自然通风条件下隔热设计动态计算理论、建筑围护结构热湿耦合传递计算理论和应用实践等（林海燕等，2013）。建筑热工老一代专家学者，结合实际工程系统地开展了建筑物理特别是建筑围护结构防潮、保温、隔热机理研究，先后提出了许多计算和设计方法，对一些围护结构提出了改善其热湿环境的技术措施。随着一批国家标准，如《民用建筑热工设计规范》GB 50176—1993、《民用建筑节能设计标准（采暖居住建筑部分）》JGJ 26—1986和《建筑气候区划标准》GB 50178—1993的相继编制与颁布实施，反映了我国当时建筑热工学的综合水平。为测定建筑材料和构件的热工性能，专用检测设备研发成果也不断涌现，如导热系数快速测定仪、平板导热系数测定仪、建筑围护结构热工性能测定装置、标定热箱、墙体耐候性能检测装置等，为建筑热工研究提供了必要的技术支撑。

随着技术的进步，BIM技术在建筑热工中广泛应用。学者们基于BIM技术的建筑节能设计软件系统分析我国建筑节能设计需求的基础上，对系统进行详细功能设计，并进行了系统开发（冯妍，2010；李明，2022；李俊清，2020，吴维和吴尧，2019）。基于BIM技术的建筑节能设计软件系统，解决了目前建筑节能设计软件存在的部分缺陷，从而提高建筑节能设计的工作效率。近年来，很多高校和科研机构都对建筑围护结构的节能进行探究，建筑信息模拟技术和材料体系得到进一步完善，建筑围护结构的保温性能得到极大的改善。同时，太阳能光电光热技术经过40年的发展，在产品性能提高、实现新能源利用的同时，其价格也不断减低，原来较为昂贵的太阳能技术及其产品被大量运用到建筑工程中，建筑节能技术逐渐向主动式产能过渡，也不再像以前那样局限于被动式节能。

在中国知网中以“围护结构”为主题词进行文献检索（图1-5），从20世纪80年代至

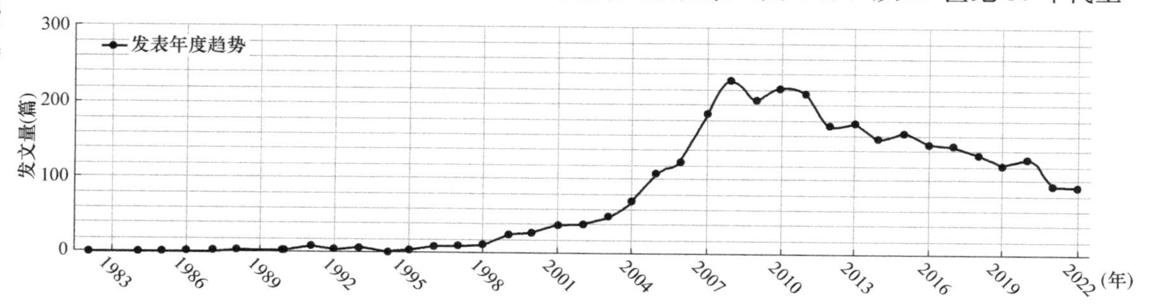

图1-5 围护结构节能主题论文数量变化（来源：中国知网）

今，共有 37753 篇，但研究建筑围护结构节能方面的文章，只有 3034 篇。由此可见，在围护结构节能研究方面，我国在 20 世纪 80 年代就已经开始了，比绿色建筑的研究还要早，但一直以来的重视度远不及绿色建筑。从文献被引用情况来看，引次数最多的是清华大学江亿院士的《我国建筑耗能状况及有效的节能途径》，文章简要分析了我国建筑能源消耗状况，从用能特点出发，对建筑物和建筑用能途径进行了新的分类，并分析各类的现状、问题和节能潜力。

国内建筑热工性能相关研究和实践方面，众多学者通过仿真模拟或实际监测的方法，探讨了围护结构各部位热工性能参数对于建筑能效性能的影响。同时也借鉴了国外研究经验，对于围护结构热工性能改造技术体系进行了广泛的研究与总结，研究成果趋于成熟。但是新材料、新体系、新技术的研发仍然是一个重要方向。

总体来看，实践研究的区域聚焦于严寒、寒冷和夏热冬冷地区（舒波等，2021），如青藏高原、黄土高原、东北地区等，主要从民居采暖能耗、围护结构、建筑形态等方面开展。学者们利用各地区适宜的构建技术、采暖方式，为当地居民创造适宜的冬季室内热环境；研究民居围护结构热工性能与采暖方式的匹配关系，减少民居的采暖耗能；利用太阳能、生物质能，改善乡村住宅冬季室内热环境，缓解能源短缺压力，优化当地能源结构，推动了可再生能源在不同地区的建筑应用（李延俊，2014）。在民居围护结构优化中，需要充分考虑民居各项设计参数与建筑能耗的关系，从而提出各地区适宜的建筑设计参数和围护结构保温构造的具体做法。改进和优化直接受益式太阳房，提出附加阳光间式太阳房关键设计参数推荐值；优化确定民居最适宜的火炕形式，提出炊事火炉连接热辐射箱采暖的运行机制。

学者们围绕严寒地区民居采暖能耗的主要影响因素，从建筑学的视角开展乡村民居节能优化研究。邵腾（2018）对东北严寒地区 4 个省 42 个村落进行系统调研，从被访家庭特征、建筑形态特征、围护结构特征、采暖系统特征和节能理念导向五个方面入手，进行问卷调查；针对不同建筑形态特征、围护结构构造的乡村民居，进行冬季室内热环境分析，从而找出乡村民居及节能设计中存在的问题。提出了基于气候变化的东北严寒地区乡村民居节能计算参数，揭示了交互作用下乡村民居建筑形态要素与能耗的量化关系，并确定各要素的敏感性；提出了能耗和成本共同作用下全生命周期成本最小时围护结构要素的最优化参数，以及与变量之间的响应关系，并确定各要素的敏感性；提出了东北严寒地区乡村民居节能综合优化方法，实现建筑设计要素的协同优化。该研究对于建造舒适、经济、节能型乡村民居，提高乡村民居的气候应变能力，推动东北严寒地区乡村的可持续发展具有现实意义。

学者们在建筑热工性能优化实践研究中，注重因地制宜地制定降低建筑能耗的方案。符越等（2020）通过实地测量、热工测试、问卷调查等方法对苏南地区民居空间组织、围护结构、使用者需求等现状进行调查，对围护结构的节能性进行定量分析，研究围护结构低能耗措施的技术参数和节能效果的关系，为量化不同低能耗技术的节能效益提供了依据。对围护结构的经济性进行定量分析，可以在有限的资金条件下平衡建筑初始成本和运行成本的关系，为使用者在总成本最低的情况下取得效益最大化；对围护结构的环境影响做定量分析，可以更加直观地比较出不同围护结构方案对环境的影响程度，从而选择出对环境影响相对较小的围护结构方案，以减少资源消耗、能源消耗和污染物排放。研究成果为具有地域特征的低能耗技术设计提供评价和决策依据，有利于引导低能耗技术的市场推广和健康发展。常琛等（2021）以进一步提升严寒地区民居采暖能效、降低采暖能耗为目标，以内蒙古自治区为例，对处于不同建筑气候区划内五个地区的典型居住进行了为期一年的实地调研和测试，基于测试数据，分析了该地区居住建筑的采暖能耗特征，并结合室内温度、人员行为及供热系统基本情况和运行参数等信息，分析了形成该地区特有能耗特征的影响因素，明确了传统节能手段取得的节能效果和遇到的瓶颈；在此基础上，探索了合理评价和分析建筑用能水平及用能需求的方法，并对相关方法的应用进行了浅析，为采用其他手段降低该地区居住建筑采暖能耗、缓解环境问题奠定了基础。

1.4.3 寒冷地区民居热工性能研究进展

提高寒冷地区乡村民居的热工性能指标，不仅有利于营造舒适的室内热环境、降低冬季采暖能耗，而且有利于推进绿色乡村建设，提升民居的绿色宜居性能。寒冷地区大多为少数民族聚居区，传统民居具有显著的民族特色，在保留其传统民族特色的基础上进行较低成本的改造，以最大限度地利用可再生能源，减少常规能源消耗，形成适宜于当地的低能耗居住建筑的热工改造体系极为重要。

1. 寒冷地区民居热工性能研究进展

在全球能源紧缺和气候变化问题突出的背景下，建筑行业的迅猛发展，使建筑能耗在总能耗中的比例日趋增长，民居节能已经成为当今建筑界关注的重点。我国乡村地区发展迅速，各类基础设施和民居建设发展迅猛，极大地改善了乡村地区宜居条件，缩小了城乡差距。但需要引起关注的是，乡村建设和发展过程中仍面临高能耗、低舒适性等问题。根据清华大学建筑节能研究中心的调研结果，农村生活用能占到我国建筑总能耗的37%，其中北方民居每年的采暖能耗约占农村总能耗的45%。此外，随着乡村社会经济的迅速发展和居民对居住环境舒适性的需求日益提高，传统建造方式下的乡村民居已经不能完全满足节能要求和室内热舒适需求。同时，为了应对近年来冬季频发的极寒天气，在保证室内热环境舒适性的前提下，必然导致寒冷地区乡村民居冬季采暖能耗显著增加（邵腾等，2018）。

严寒地区乡村居民的经济来源比较单一，而且受气候影响收入很不稳定，经济水平普遍较低，建造住房几乎是所有支出中的最大支出。在乡村民居的建造成本中，围护结构材料的购买和施工占90%以上，直接影响建造成本的高低。而且围护结构保温性能的优劣还会影响民居运行期间采暖成本和维护成本的支出。如果围护结构采用的材料保温性能好、施工质量高，虽然建造成本较高，但会减少运行阶段的采暖成本和维护成本，也会减少碳排放量。反之，虽然降低了建造成本，但会导致运行过程中采暖成本和维护成本增加。因此，通过合理的方法权衡建造成本和运行成本的关系，降低严寒地区乡村民居的全生命周期成本非常必要。

乡村民居具有很强的地域适应性，国内研究人员大多针对特定的地域环境开展相关研究，提出适应当地气候的节能设计策略，研究方法采用问卷调查、现场测试、统计分析、实验研究及数值模拟等多学科交叉的手段（刘加平等，2020；秦力等，2019；周辉等，2015；王烨等，2015；卢玫珺等，2008）。

在中国知网以“寒冷地区建筑”为主题词进行文献检索，各年度文献量见图 1-6。从图 1-6 中可以看出，进入 20 世纪之后，我国学者对寒冷地区建筑的关注量逐年上升，近几年呈现波动趋势。

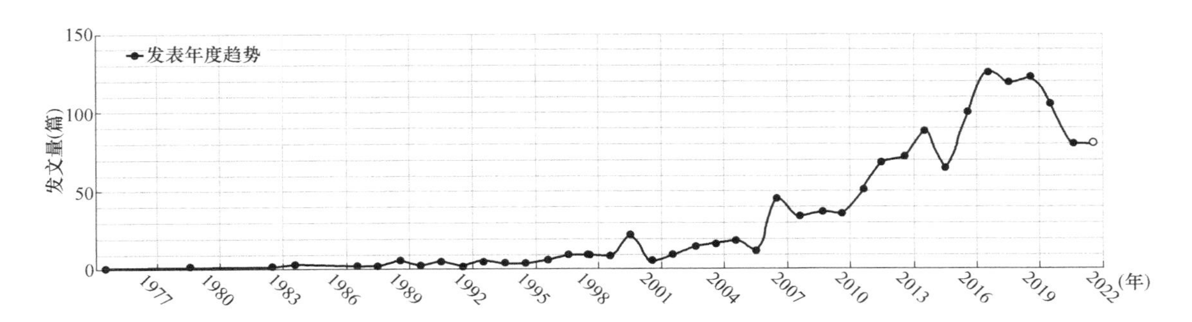

图 1-6　寒冷地区建筑主题论文数量变化（来源：中国知网）

根据图 1-7，在与“寒冷地区建筑”相关的主题词中，“围护结构”“建筑能耗”“建筑节能”是关注量比较多的，可以看出，现阶段我国学者对于寒冷地区建筑的研究主要集中于围护结构。

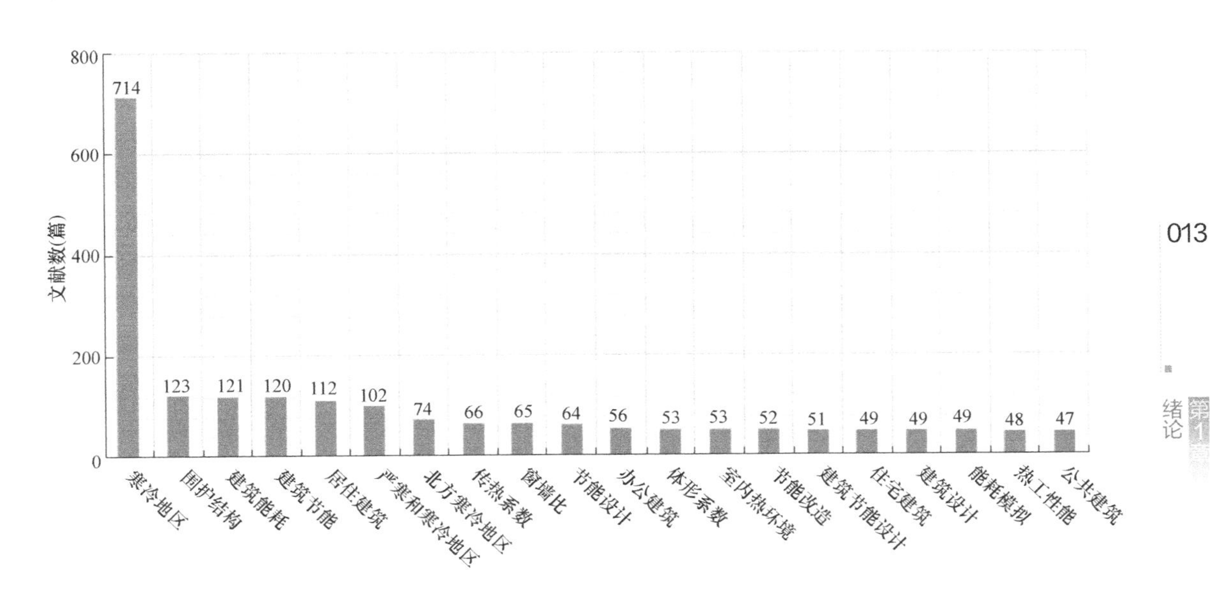

图 1-7　寒冷地区建筑相关主题论文数量统计（来源：中国知网）

关于农村住宅围护结构节能中，结合地域特点，尤其是气候条件，进行民居围护结构改造的研究和实践占比较高。周春艳（2011）针对我国农村地区地域性差别大的特点，以东北地区农村住宅的围护结构为研究对象，进行农村住宅节能围护结构的评价研究，为围护结构优选寻求了一种解决方法。岳巍等（2018）对东营市利津县部分自然村已建农村住宅进行调研，了解目前农村住宅的建造方式、节能状况以及存在的问题，并结合地域特点、经济现状，从建造朝向、建筑布局、建筑体型、建筑材料等多方面对围护结构进行讨论，提出了一种适用于当地已建农村住宅的优化设计方案，并为将来新建的农村住宅提出节能建造措施。

同时，相关研究针对寒冷地区农村既有住宅节能改造情况，通过宏观和微观的节能改造分析，创建现状数据库并加以应用，形成因地制宜的技术方案，完善规范政策和激励政策，引入市场化运作模式以拓宽融资途径，通过招标投标管理和宣传教育以完善实施流程，对我国寒冷地区农村既有住宅节能改造工作具有一定的参考借鉴价值（李魁等，2019）。杨盼盼等（2019）选取位于寒冷地区一所建于20世纪90年代的典型农村住宅作为研究对象，在深冬时期对其进行建筑热工缺陷检测、围护结构热工性能检测、采暖耗热量及室内外温度检测，分析该住宅能耗现状并评估建筑节能潜力，分析围护结构各部分耗热量所占比例，确定建筑物的重点改造部位，为寒冷地区农村既有住宅实施节能改造提供参考。丁悦等（2021）对内蒙古呼包鄂地区农村住宅的传热性能进行了分析研究，了解农村住宅外墙、外门窗等构造方式和材料使用情况，掌握不同外墙、门窗材料、构造方式等传热性能规律，并对其进行模拟计算，得出最佳设计方案，对农村地区新建或改建住宅节能设计提供了一定的参考和借鉴。

2. 川西北高寒地区民居热工性能研究进展

由于川西北高寒地区严酷气候和地理环境的影响，区域民居室内热环境质量低下，传统落后的采暖方式对当地生态造成了极大的损害（何泉等，2015）。同时该地区是藏族、羌族、彝族等少数民族聚居的地区，传统民居具有其本身的民族特色，在保留本身建筑特色的基础上，对传统民居进行低成本节能改造，以最大限度地利用可再生能源，减少常规能源消耗，形成适宜当地的低能耗居住建筑的热工设计改造体系极为重要（畅明，2019）。

与我国其他地区类似，川西北高寒地区民居的热工性能研究大多集中于围护结构，侧重于墙体材料、门窗比、节能技术等，随着计算机仿真技术的发展，近年来利用相关能耗模拟软件进行能耗模拟的研究不断涌现。赵祥等（2013）针对川西北高寒地区游牧帐篷存在的问题，在绿色建筑整体设计理念指导下，将帐篷建筑作为一个整体，系统地对其热工环境、围护材料、结构体系、建筑文化等方面进行研究，提出了评价帐篷自然通风性能的重要指标“围比”，并提供了在帐篷外观设计中再现藏族建筑文化的方法，得到了区域牧民的认可，并在牧区被大量推广。

陈玉等（2018）以川西北高寒地区石砌民居作为研究对象，分析了该地区石砌民居的特征及其围护结构存在的问题，从不同建筑材料、构造做法的角度出发，阐述外围护结构的保温隔热原理和特点，提出地域性、经济性、低技术性作为石砌民居节能优化策略；利用能耗模拟软件DeST-h进行能耗模拟，通过各组方案的节能率的对比，选择出有利于石砌民居实现高效率的围护结构节能优化方案。刘伟和周浩明（2019）剖析了川西北高寒地区的崩科建筑，认为该地区在石质的北墙内侧另外增设一层木墙，形成双层墙体，从而起到较好的室内保温防寒作用。

1.4.4 国内外研究评述

通过国内外相关研究进展的分析可以看出，学者们在乡村民居节能设计与改造、室内热环境改善、围护结构节能等方面开展了多层次、多方面的研究，但普遍存在一定的局限性。已有研究成果大多针对特定区域的乡村民居展开研究，具有鲜明的地域性特点，而且每个区域的气候特征、地域性指标及经济技术条件等方面都有所不同，导致适宜应用的技术方法也存在一定的区域差异性；相关研究大多针对单一墙体构造的热湿性能，忽视了民居内部空间需求和墙体朝向的差别；如何保证高寒地区室内环境热舒适性的情况下，合理利用高寒地区丰富的太阳能资源，并结合民居内部空间设计和围护结构改造，降低民居对辅助能源的依赖程度，减少碳排放量，成为亟须解决的问题。因此，本书选择川西北高寒地区为研究区，以传统民居为研究对象，分析传统民居空间分布特征，剖析民居建筑特征，梳理传统民居采暖能耗的影响因素，全面解析其采暖能耗，研究该地区传统民居热工性能提升技术。研究成果为高寒地区传统民居节能设计改造和清洁能源高效利用提供理论与技术支撑和实践案例。

1.5　主要研究内容和技术路线

1.5.1　主要研究内容

本书在系统梳理民居热工性能、绿色建筑已有研究成果的基础上，以高寒地区传统民居为切入点，针对高寒地区传统民居特征、采暖能耗与自身围护结构和区域太阳能资源禀赋的关系，围绕传统民居采暖能耗影响因素、热工提升技术等开展研究，主要研究内容如下：

（1）从自然环境、地质环境、人口聚居、历史文化和社会经济五个方面，分析川西北高寒地区传统民居的环境特点，从传统民居的规模、形态、垂直分布等研究该地区传统民居的空间分布特征，对该地区石木结构、土木结构和木结构民居的特点进行概述。

（2）在川西北高寒地区传统民居聚落空间分布分析的基础上，对该地区传统民居进行分类梳理，根据传统民居的材质及结构类型，分别从材料特征、造型特征、结构要素及特点、构造及营建特征、建筑装饰等方面剖析传统民居特征。

（3）结合典型案例区调研，从微观和宏观两个尺度对川西北高寒地区传统民居采暖能耗的影响因素进行分析，全面研究自然环境、社会环境、民居空间格局、民居建筑本体等对传统民居采暖的影响，为其热工性能提升技术研究提供理论基础。

（4）对川西北高寒地区不同类型的传统民居进行实地测绘和保暖性能测试，通过问卷调查和座谈访谈，收集当地居民对建筑围护结构、热舒适性、能源利用等方面的现实需求。利用 EnergyPlus 软件对石木结构、土木结构和木结构的传统民居采暖能耗进行模拟，为该地区传统民居的热工性能提升改造工作提供数据基础。

（5）从墙体、门窗、地面、屋顶、采暖等方面梳理可应用于川西北高寒地区传统民居的热工性能提升方式，分别对石木结构、土木结构、木结构类型传统民居的热工性能制定提升方案。

1.5.2　研究技术路线

本书的技术路线如图 1-8 所示。

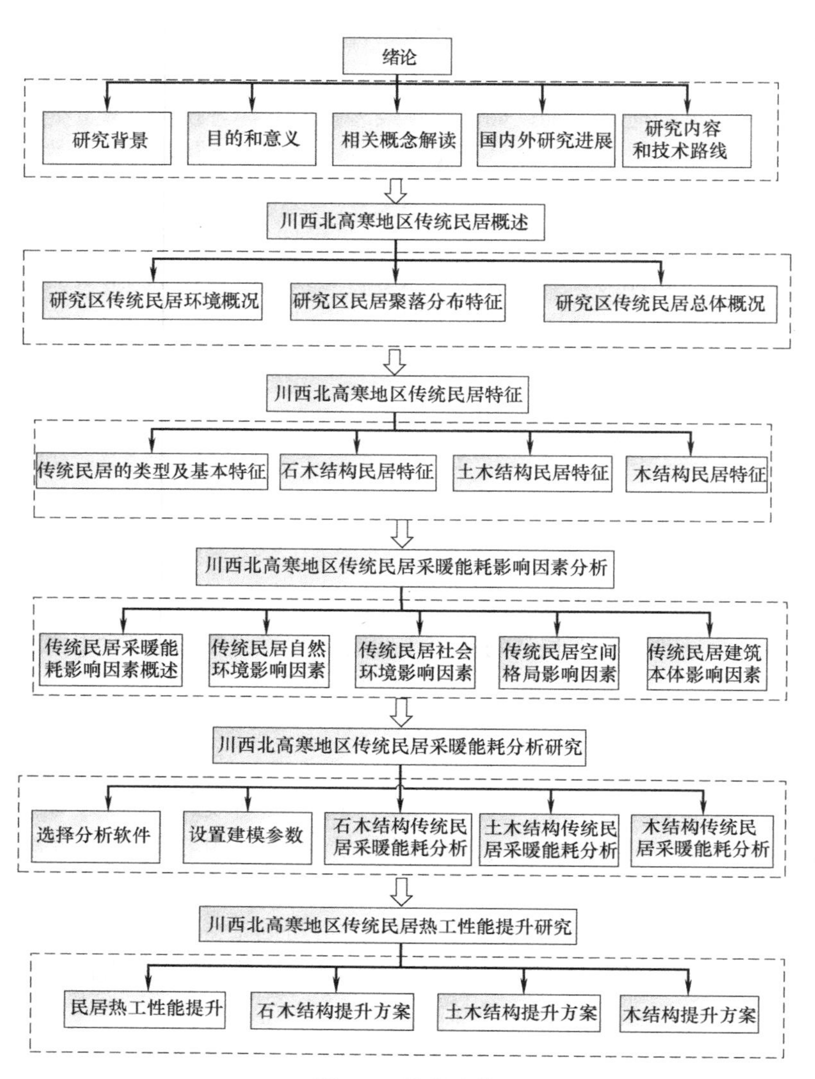
绪论
研究背景
目的和意义
相关概念解读
国内外研究进展
研究内容和技术路线
川西北高寒地区传统民居概述
研究区传统民居环境概况
研究区民居聚落分布特征
研究区传统民居总体概况
川西北高寒地区传统民居特征
传统民居的类型及基本特征
石木结构民居特征
土木结构民居特征
木结构民居特征
川西北高寒地区传统民居采暖能耗影响因素分析
传统民居采暖能耗影响因素概述
传统民居自然环境影响因素
传统民居社会环境影响因素
传统民居空间格局影响因素
传统民居建筑本体影响因素
川西北高寒地区传统民居采暖能耗分析研究
选择分析软件
设置建模参数
石木结构传统民居采暖能耗分析
土木结构传统民居采暖能耗分析
木结构传统民居采暖能耗分析
川西北高寒地区传统民居热工性能提升研究
民居热工性能提升
石木结构提升方案
土木结构提升方案
木结构提升方案

图 1-8 技术路线

第2章

川西北高寒地区传统民居概述

由于自然环境和人文条件的不同，我国各地形成了具有地域特色和民族特点的传统民居，并印下了区域自然环境特征，形象地表现出人与自然和谐相处的关系（周立军和陈烨，2017）。川西北高寒地区因其独特的气候条件、地形地貌环境和文化特征，形成了独具特色的传统民居。该地区位于青藏高原东南缘，属于四川省西北部，地跨阿坝藏族羌族自治州和甘孜藏族自治州两州，包括汶川县、阿坝县、雅江县、稻城县和石渠县等31个县（市），地理坐标范围介于97°22′～104°7′E，27°58′～34°20′N。该地区北与青海省果洛州、甘肃省甘南州交界，西与西藏自治区昌都市接壤，南与云南省迪庆州、四川省凉山州相邻，东与四川盆周山地、成都平原相连。

2.1 川西北高寒地区传统民居环境概况

2.1.1 自然环境概况

英国著名园林设计师伊恩·麦格哈格（1971）认为：一个自然体系，同时也是一个社会的价值体系，一个居住于此，拥有这一自然体系的人们所认知的社会价值体系……这种认识与自然资源一起会产生一些特殊的生产方式，而它有时又会受到自然体系的限制。然而这种特殊的生产方式会造就一个特别的聚落形态，这些具有特殊生产方式及特殊聚落形态的人们将有特定的价值观，并影响人们对环境的认知。也就是说民居选址、形态等与其所处的环境密不可分，从古至今，民居选址、空间布局、民居朝向、空间结构及周围的景观等均有其独特的自然环境韵味和深刻的人文环境内涵。《易经》为首的阴阳理论所蕴含的世界观，追求将天、地、人三者紧密结合。民居与自然环境之间需要触类旁通，经纬交融，不能将其完全分割开来。中国传统文化的五行八卦原理本身就取于自然，防寒暑、避风藏气，出进方便，能够满足生产生活和各类活动，而这些内容本身就有阴阳五行互相生发以互相克制的关系（家舜，2014）。强调先选择实体地形地貌状态为基础条件，再抽象论证。

1. 地形地貌

川西北高寒地区为青藏高原东南缘和横断山脉的一部分，位于四川省西北部，属四川盆地向青藏高原陡然升起的过渡地带，海拔范围在788～7110m，平均海拔4000m，总地势为西北高、东南低，由西向东倾斜，地形相对起伏很大，主要分为丘状高原区、高山原区和高山峡（深）谷区。全区地貌属川西强烈隆起高山高原大区，分为龙门山断褶强烈侵蚀斜坡式中山区、贡嘎山构造强烈侵蚀极高山区、雅砻江构造侵蚀深切河谷山原区、沙鲁里山侵蚀丘状高原区、金沙江东岸构造侵蚀高山峡谷区、岷江邛崃山构造侵蚀脊状高山区、红原若尔盖构造剥蚀沼泽化平坦高原区和石渠县色达构造剥蚀丘状高原区。主要山脉有岷山、巴颜喀拉山、牟尼芒起山、大雪山、雀儿山、沙鲁里山、夹金山、罗科马山、工卡拉山。

图 2-1　根据地形就势而筑、错落有致的桃坪羌寨传统民居

地形地貌是民居最重要的自然载体，不同的地形地貌形成不同的布局，其空间形态、民居聚落规模是对所处环境中地形地貌的适应和利用（朱建达，2014）。在民居发展初期，地形地貌对民居空间布局具有决定性作用，空间发展一般依山傍水、因势利导（图 2-1）。

随着人类改造自然能力与手段的提升，民居建设日新月异，劈山、填河、开渠、筑路等，人类的作用也改变自然地形地貌。从川西北高寒地区传统民居的海拔分布看，传统民居的垂直分布特征明显，随着海拔的升高，乡村聚落在数量和面积上大多呈现先增加后减少的趋势，且海拔越高聚落规模越小，表明乡村聚落倾向于在低海拔地区分布。同时，迫于生存压力，在高海拔地区居住的群众，经常团聚在一起，因而高海拔地区民居聚落空间分布相对集聚。传统民居随坡度分布特征看，坡度小则地势相对平坦，地表径流产生的势能作用强度越小，受流水侵蚀的程度相对更轻，同时有利于房屋建造和抵御自然灾害（如滑坡、泥石流、崩塌等），易于民居的规划建设，也能节约建设成本。地形坡度大，不利于植被生长，不便于耕作或生活，同时易造成水土流失和地质灾害，故民居一般聚集在坡度较为平缓的地区。就坡向而言，民居通常选择依山临水的位置（图 2-2），并大多位于河谷山区的阳坡，符合高寒地区民居选址的一般规律，不仅更能抵挡风寒，还适合植被、作物等的生长，为人类生存发展提供更多资源。

图 2-2　甘孜藏族自治州雅江县呷拉镇白孜村

2. 气象条件

川西北高寒地区属大陆性高原季风气候，具有明显的山地气候特征，昼夜温差大，春秋短促、长冬短夏，因地形复杂、山高谷深沟狭、高山与河坝、阴坡与阳坡在气候上产生很大差异。该地区南北跨 6 个纬度，气候类型多样，气候随着纬度自南向北增加，气温逐渐降低。年均降雨量 400～940mm，降雨主要集中在 5～10 月，是四川省年降雨量最少的地区；气温低、霜雪多，一月份平均气温－5～0℃，七月份为 14℃左右（石生泰和郝树声，2000）。中国建筑西南设计研究院按照《四川省居住建筑节能设计标准》DB 51/

5027—2019 依据不同的采暖度日数 HDD18 和空调度日数 CDD26 范围，将四川地区居住建筑热工与节能设计分区分为严寒、寒冷、夏热冬冷、温和四个气候区，而研究区属于严寒和寒冷两个气候区。

图 2-3 藏式传统民居室内用火炉

川西北高寒地区冬季严寒漫长，采暖期较长，农村家庭采暖能耗占总能耗的比例较高。由于受能源与经济条件限制，这些地区没有建设统一的供暖设施，长期以来，居民供暖大多采用木材、木炭、牛粪、电炉等方式（图 2-3）。采用传统的生物质能源供暖效果差，对生态环境的破坏较大，且能源利用效率低，碳排放量高，能源利用结构不合理，室内环境差。这不仅给当地居民冬季正常工作生活带来很大困难，而且造成能源浪费、生态环境恶化、草原沙化等问题，严重影响当地经济社会的发展和人民生活的改善。

3. 水资源

川西北高寒地区是长江、黄河源的重要组成部分，境内主要河流有金沙江及其支流：德格河（又名色曲河）、稻城河、东义河、巴楚河、松麦河（又名定曲河）；雅砻江及其支流：鲜水河、立曲河、无量河、九龙河、霍曲河；岷江及其支流：黑水河、杂谷脑河、渔子溪；大渡河（大金川）及其支流：麻尔曲、脚木足河、绰斯甲河、梭磨河、小金川、茶堡河；黄河支流：白河、黑河；嘉陵江支流：白龙江、白水江、涪江、土门河。其中，流域面积在 500km^2 以上的支流 141 条；100～500km^2 的支流 358 条；99km^2 以下的支流和溪河达千余条。

图 2-4 依水而建的民居

水资源是人类赖以生存的必不可少的物质要素，是高寒地区居民生活生产、经济发展和环境需要不可替代的自然资源。水资源通过其分布的数量、储备的富贫，决定了人口的生存条件，影响着民居的区域分布、乡村聚落发展规模和空间功能与布局，是度量民居规模发展潜力的重要因子（图 2-4）。因此传统民居选址一般接近水源地，尤其是高山峡谷地貌区，民居沿河流集聚现象更加明显（邵婷等，2022）。

4. 土地资源

土地资源是人们生存与发展最基本的物质基础，是区域社会经济可持续发展的重要保障。民居的营建与土地资源的自然特性关系十分密切，土地的自然特性在川西北高寒地区传统民居的营建方面得以直接或间接地体现。根据土地调查数据、《2020 年甘孜藏族自治州统计年鉴》《阿坝藏族羌族自治州年鉴（2020）》等资料统计，将研究区 31 个县、544

个乡镇的土地利用类型分为耕地、园地、林地、草地、建设用地、水域和未利用地七种类型，具体数据见表2-1。其中，林草地面积最大，分别为9629104.62hm^2、10619967.51hm^2，二者之和占比达川西北高寒地区总面积的87.02%；耕地面积186996.11hm^2，约占区域总面积的0.80%；园地面积19049.16hm^2，占区域总面积极低，占比仅为0.08%；建设用地面积82262.58hm^2，占比约为0.35%；水域面积160833.10hm^2，占区域总面积的0.69%；未利用地2570328hm^2，约占区域总面积11.05%。

川西北高寒地区土地利用分类（单位：hm^2）　　表2-1

县区	耕地	园地	林地	草地	建设用地	水域	其他土地
汶川县	6201.67	811.59	275025.91	53863.28	3024.92	3567.06	65938.14
理县	3216.30	2143.98	244036.27	141280.28	1923.19	1476.44	37742.74
茂县	8685.27	5276.78	289006.41	65618.29	3211.23	2067.67	15877.28
松潘县	13421.88	458.96	452912.55	282303.21	3794.69	3622.52	77635.25
九寨沟县	6797.65	521.78	367581.24	111417.11	3092.54	1624.75	37733.37
金川县	6562.64	935.77	294889.37	214061.84	2153.52	3605.34	13249.75
小金县	8486.12	866.13	255856.80	219224.34	2856.01	2075.40	67115.05
黑水县	7576.31	215.77	244804.45	141542.24	2282.40	1541.06	16201.79
马尔康市	6393.89	240.29	390240.73	215318.04	1789.68	2691.59	45907.27
壤塘县	3475.62	2.23	302892.81	300944.65	1822.37	4205.58	50679.03
阿坝县	8644.00	0.00	307658.81	677888.89	3867.79	8616.20	5830.61
若尔盖县	4172.38	0.00	234414.05	600055.49	4681.75	15301.11	173924.78
红原县	130.90	0.00	100567.99	675891.93	2637.61	7021.96	43316.36
康定市	7573.92	2332.10	797799.59	132148.46	5048.95	8232.01	206310.40
泸定县	5336.94	2087.98	141029.07	12356.04	2160.88	3315.94	50167.42
丹巴县	7702.38	1059.51	287663.42	97393.56	1794.78	2870.24	52163.43
九龙县	4469.18	313.20	328306.81	223946.65	1931.37	4456.79	112761.53
雅江县	4167.31	0.86	470972.03	217693.63	2308.01	4586.13	57225.69
道孚县	7665.31	126.65	411643.70	211330.37	2814.36	5273.20	63774.83
炉霍县	6555.13	0.00	195516.36	210190.65	2487.63	2074.86	30663.57
甘孜县	11969.46	0.43	84666.80	549328.55	3536.97	10247.61	26270.92
新龙县	6352.10	20.49	495206.26	383587.92	1865.66	5166.88	34087.76
德格县	4728.76	31.73	290552.26	776493.41	2220.89	6476.22	63453.66
白玉县	7387.46	6.80	421946.40	514068.48	2232.00	6071.03	74184.31
石渠县	4008.79	5.12	38963.65	1523542.38	3114.32	10658.67	657598.79
色达县	1100.09	0.00	196123.27	632317.46	3498.87	4325.34	40730.25
理塘县	4917.49	20.23	531350.81	646953.42	2938.62	10963.01	202522.04
巴塘县	6657.08	335.90	358760.30	305771.47	1979.20	5720.14	87100.65
乡城县	3468.95	400.94	296210.54	154488.31	1635.19	2338.66	35561.43
稻城县	4952.20	661.48	371297.10	213860.15	2329.62	8651.15	107137.80
得荣县	4218.93	172.46	151208.86	115087.01	1227.56	1988.55	17462.25

从人均土地资源占有量来看，研究区总面积约为 232825km^2，耕地 186996hm^2，第七次全国人口普查总人口 1930018 人，人口密度为 8 人/km^2，人口密度稀疏；人均耕地 1.45 亩，与全国平均水平（1.52 亩/人）相差不大。民居的发展离不开一定的空间，以满足各类民居建筑及公共活动场所对土地资源的需求，研究区传统民居往往不是分散的，所需的土地虽然不一定要特别平整，但至少应该是一个整体，具有足够的面积，这样才能适合发展。民居选址同时要遵循合理利用土地的原则，充分考虑土地利用类型（刘国锋等，2021）。从土地资源角度来看，一是耕地资源直接决定民居能否持续生存与发展，川西北高寒地区的民居周围一般有一定数量的易于耕作的土地（图 2-5），这是为什么有不少传统民居位于高半山的主要原因；二是土地资源类型与传统民居建筑材料关系密切，这是川西北高寒地区分布大量土木建筑的主要原因。同时，为了严格保护基本农田、落实耕地保护制度，聚落选址应尽量避免过多占用耕地区域，在不破坏生态环境的情况下，林地、草地、盐碱地和裸地可通过适度的合理开发成为民居选址区域；且林草资源是传统民居重要的建筑材料，林草地还具有生态防护功能和良好的固碳作用。

图 2-5　传统民居周围丰富的耕地资源

5. 太阳能资源

四川省太阳能资源最丰富的地区是石渠、色达至理塘、稻城一带，年总辐射量达 6×10^{12}J/m^2 以上，年日照时数在 2400～2600h；太阳能较丰富的地区占据研究区大部分地区，年总辐射量基本在 5×10^{12}J/m^2 以上，大部分地区年日照时数在 1800h 以上（祁清华等，2010）。川西北高寒地区是四川省太阳能资源最丰富的地区，该区冬季日照率超过 70%，按照主要区划指标综合气象因素（SDM）和辅助区划指标（SMM）衡量这一地区，属于太阳能采暖节能气候区划中划定的气候最佳区域，有很大的开发利用价值，为被动式太阳能房的应用及推广提供了现实可行性。太阳能应作为川西北高寒地区民居供暖的主要清洁能源，应在国土空间规划、民居设计、市政设施等方面，从有利于太阳能利用出发，制定相应的政策、标准、管理法规、财政补贴制度，并强化实施和监管力度，对四川省清洁能源的可持续发展具有重要意义。

2.1.2　地质环境特征

研究区处于青藏高原东缘，即印度板块与欧亚板块相互碰撞汇聚接触带的东侧附近，因印度板块俯冲向欧亚板块，导致青藏高原快速隆升，岩石圈物质向东及东南方向逃逸。研究区内大地构造单元可以分为秦—祁—昆造山系、勉县—略阳对接带、北羌塘—三江造山系三个一级构造单元。其中北羌塘—三江造山系为区内最主要的构造单元，是经历了晚古生代—中生代多岛弧盆系、弧后扩张、弧—弧碰撞、弧—陆碰撞等地质构造作用过程而发展演化形成的，由北东向南西北羌塘—三江造山系可进一步划分出 6 个二级构造单元，分别为摩天岭地块、摩天岭地块、歇武—甘孜—理塘—三江口结合带、义敦—沙鲁里弧盆系、中咱—香格里拉地块、金沙江结合带。断裂构造主要有金沙江深断裂带、理塘一甘孜断裂带、鲜水河断裂带、后龙门山一金河断裂带（丹巴—康定断裂）、玉科断裂、色达断裂、安宁河断裂、龙门山断裂、甘孜—玉树断裂、则木河断裂、理塘—德巫断裂、金沙江断裂、龙泉山断裂、蒲江—新津断裂等。

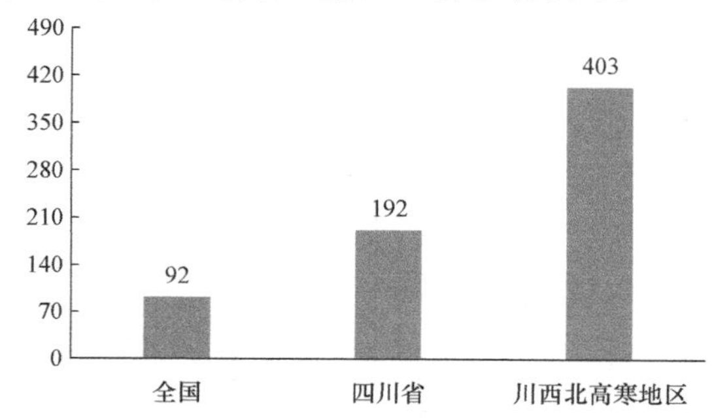

数据来源：中国科学院地理科学与资源研究所资源环境科学与数据中心，包括崩塌、塌陷、泥石流、地面沉降、地裂缝、滑坡、斜坡七大类。

图 2-6　研究区县均地质灾害发生次数统计（单位：次/县）

研究区新构造运动类型主要为活动断裂与地震等，区域上具有四个特点：大面积间歇性急速抬升、断块差异升降、川滇菱形地块东南向滑移、次级地块相对转动。因地处青藏高原和四川盆地的过渡地带，区内地质环境复杂、构造运动强烈、气候立体变化明显，是山洪、崩塌、滑坡和泥石流等群发性山地灾害的高发地带（图 2-6）。尤其是沿地貌边界带，是四川省乃至全国突发性地质灾害最严重的区域之一（段丽萍等，2005）。

由于川西北高寒地区有效平地较少，许多传统民居选址常选择相对稳定的坡积扇、崩积扇、冲积扇和相对宽缓的冰蚀谷区域。尤其是高山峡谷区仅有少量河流凸岸的阶地可以修建民居，因此有的传统民居甚至位于地质灾害隐患区。河漫滩、洪积扇和冲积扇一般因坡度适宜、土壤肥沃、水资源丰富而成为研究区传统民居主要分布地区，但是部分地区受到山洪、泥石流等威胁，雨期容易遭到破坏。如茂县壳壳村选址于洪积扇，2020年7月25日，强降雨引发泥石流、滑坡，导致茂县壳壳村沟道和岷江河道靠壳壳村处淤积了大量的松散堆积物（图 2-7）。

有山洪、泥石流隐患(2019年4月6日拍摄)

强降雨导致山洪泥石流(2020年7月26日拍摄)

图 2-7　阿坝藏族羌族自治州茂县壳壳村

2.1.3　人口聚居特征

根据第七次全国人口普查结果，川西北高寒地区常住人口为1930018人。研究区人口分布存在显著的空间自相关性和空间依赖性，即川西地区人口分布并不是随机分布，而是有一定的空间规律，主要表现为空间集聚性，人口分布很不均衡。随着城镇化速度的加快，以及易地扶贫搬迁、避让搬迁、生态移民搬迁等工程实施，近年来研究区人口分布的集聚特征越来越明显，人口自发迁移或在政府引导下的再迁移不约而同地选择本已存在的人口集聚、公共服务设施较好的地区，使这些区域人口分布的集群效应越来越明显。如阿坝藏族羌族自治州民居主要分布在谷底和高半坡，尤其高半坡地区是该区农民主要聚居的场所。统计显示，阿坝藏族羌族自治州高半坡分布农户占全州农户总数的63%左右，人口约占全州农业人口的61%。

从人口密度来看，根据中国人口空间分布公里网格数据集（2020年），川西北高寒地区人口密度属性存在空间依赖性，在空间上表现为东部少量地区的人口聚居区，其余均为大片的人口稀少区。人口大多分布在地势较平缓、水系较密集的河谷地带，而西北部由于地势较高，人口密度较小。由于成都市经济发展水平和投资规模在四川省优势明显，故吸引人口向成都市及其周边聚集的特征日益明显。从研究区传统村落的人口特征来看，67个传统村落中，36个为聚集形态（团状、带状、指状），其中31个位于河谷，80.6%的村落人口规模在300人以上。31个为分散形态（组团状、散点状），其中27个村落位于高山、坡地或山地地形，61.3%的村落人口规模在300人以下，可见村落选址受地形条件限制，人口规模较小，村落分散布局（郑志明，2020）。

2.1.4 历史文化特征

川西北高寒地区是少数民族的聚居地区，境内有藏族、羌族、彝族、回族等24个少数民族，其中以藏族、羌族和彝族为主。各族群众以大范围聚居、小范围杂居形式分布于全区，区内藏族人口占总人口的一半以上，藏族文化等少数民族文化气息浓厚。据有关考古资料证明，在四川省涉藏州县的大渡河、岷江流域，距今约五千年的新石器时代晚期，在此繁衍生息的土著先民已经过着定居的农耕生活，并已有掌握用石头和泥土砌筑居住建筑的历史（杨嘉明和杨环，2006）。空间分布上，横断山脉的三条走廊中东部的岷江上游走廊以藏族、羌族为主；西部金沙江与雅砻江走廊和中部的大渡河走廊以藏族、彝族为主。总体来看，藏族大部分分布于河流上游，海拔较高，羌族居中，彝族相对较低。川西北高寒地区传统民居之所以有如此强烈的吸引力、诱惑力和备受人们青睐，是由其深刻的内涵、丰富多彩的造型和鲜明的地域文化特点所决定的。

1. 藏族文化

川西北高寒地区藏族主要讲嘉戎语、木雅语、扎巴语，但是他们使用的语言与藏族的卫藏方言、康巴方言、安多方言不同，他们语言的语音、语法结构大多数接近羌语支，或者介于藏语支与羌语支之间（王文光等，2015）。羌族语言则属于汉藏语系藏缅语族羌语支，分为南部和北部两大方言区（石硕，2008）。该地区历史文化遗产丰富，既有历史久远的传统民居（图2-8），也有卓克基土司官寨、松岗直波碉楼（含羌寨碉群）、松潘古城墙、壤塘棒托寺、营盘山和姜维城遗址、阿坝州红军长征遗迹等全国重点文物保护单位，黑水卡斯达温、九寨沟伯舞、羌笛演奏及制作技艺、羌族瓦尔俄足节等民族文化遗产列入国家级非物质文化遗产目录。2019年创作出品了非遗传承题材影视作品《传习之路》、爱国主义题材民族史诗《辫子魂》，还开展了“藏羌戏曲进校园、进乡村”展演活动，群众文化生活日益丰富。川西北高寒地区是情歌的故乡、康巴文化的发祥地、格萨尔王的故里、释比文化的核心区、嘉绒文化的中心和茶马古道的主线，还拥有灿烂绚丽的多元文化，康巴文化、格萨尔文化、香巴拉文化、红色文化等在这里交相辉映，舞蹈巴塘弦子、甘孜踢踏、石渠真达锅庄享誉中外。

图 2-8　黑水县色尔古藏式民居

2. 羌族文化

羌族是古代西戎牧羊人，分布在西北各地，最早是农牧兼营部落（季富政，2000）。按《说·羊部》解释："羌"西戎牧羊人也。《后汉书·西羌传》又释：羌所居无常，依随水草，地少五谷，以畜牧为主。3000 多年前的殷商时代，羌族人就十分活跃，他们活动在西北地区和中原地区，包括黄河上游、湟水、洮水地区及岷江上游一带，主要以河湟地区为中心。公元前 5 世纪中叶，羌族人和秦族人十分友好，共同在河湟地区开发山林，发展农业。自秦献公时始，部分羌族人开始向西南及西北大迁徙，有的到达四川西北部岷江上游及大渡河、安宁河流域，有的则去向青藏高原。汉代，西北羌族人来到岷江上游地区，而隋唐时河湟地区的羌族人内迁，其中一部分到达岷江上游的茂州一带，成为这一地区的主体民族。我国境内的羌族，只有四川西北部岷江上游尚还分布大大小小的聚居村寨，继续保持沿袭下来的基本特点，所以，岷江上游羌族地区是远古以来保持羌族人古风最纯正的区域，这一区域是研究羌族历史、建筑的活标本（季富政，2000）。

2.1.5　社会经济特征

川西北高寒地区受自然地理条件的限制，经济和社会发展相对落后，人民生活水平较低，属于我国脱贫攻坚时期的集中连片特困地区。该地区面积占四川省总面积的 47.86%，2021 年年末研究区地区生产总值 822.36 亿元，占比却不足四川省的 2%；区域人均 GDP 为 42609 元，与四川省人均 GDP 值 58126 元还存在较大差距。该地区第一、二产业较为薄弱，以第三产业为主，三大产业的产值比为 1∶1.24∶2.81，区域产业经济发展不平衡。

川西北高寒地区得到“西部大开发”“脱贫攻坚”国家战略和“一带一路”倡议的财政支撑与技术支持，区域交通、教育、医疗等基础设施得到大幅度提升。交通方面，区域内公路通车里程和公路旅客周转量的增长速率均高于四川省的增长速率，全区公路通车里程由 2000 年的 11929km 增加到 2019 年的 48366km，增加了 3.05 倍；同期，公路旅客周转量由 2000 年的 209889 万人千米增加到 2019 年的 315095 万人千米；公路货物周转量由 2000 年的 138328 万吨千米增加到 2019 年的 570969 万吨千米，提升了 3.13 倍。教育方面，研究区学校（不含幼儿园）总数量由 2000 年的 2686 所减少到 2019 年的 726 所，95%以上减少的学校为小学，但专任教师数量却由 2000 年的 15961 人提高到 2019 年的 24141 人，教学质量得到较大的改善；同时，幼儿园由 2000 年的 70 所、616 名教师增加到 2019 年的 699 所、2511 名教师，大大提高了学龄前儿童的入学率。医疗方面，2019 年年末，拥有卫生机构数量 4581 个，较 2000 年提高了 3.05 倍；卫生机构床位数由 2000 年的 5790 张增加到 2019 年的 10502 张，增加了 81.38%；卫生机构人员数由 2000 年的 8509 人提高到 2019 年的 19610 人，增加了 1.30 倍。该地区社会经济的快速发展，为生态宜居乡村建设奠定了较好的基础条件。

2.2 川西北高寒地区民居聚落分布特征分析

2.2.1 研究方法

1. 核密度估算法

核密度估算法是对一定区域内民居聚落出现的密度和概率进行估算测度的非参数计算方法（董飞等，2021），可以较好地反映民居聚落在空间上的集聚大小、集聚形状以及集聚位置，是民居聚落空间格局研究应用较多的方法。因此，采用核密度估算法对川西北高寒地区民居聚落分布密度进行可视化研究，核密度值越高，民居聚落分布密度越大，反之，民居聚落分布密度越小，具体公式如下：

$$f_n(x)=\frac{1}{nh}\sum_{i=1}^{n}k\left(\frac{x-x_i}{n}\right) \tag{2-1}$$

式中：$f_n(x)$ 为民居聚落核密度估计值；$h>0$，为带宽，即核密度估计的搜索半径；n 为研究区民居聚落斑块的总个数，$x-x_i$ 表示测定民居聚落到观测民居聚落 i 的距离；$k\left(\frac{x-x_i}{n}\right)$ 为核函数。

2. 最邻近指数法

最邻近指数法可用于判定民居聚落的整体分布模式，它通过比较各点之间的最小距离与理想中的最邻近点之间的距离，表现点空间分布的某些特征，从全局上反映民居聚落整体上集聚或离散分布情况（朱彬等，2014）。通过计算民居聚落点与其最邻近民居聚落点之间距离的平均值，与假设民居聚落点随机分布下的平均距离值进行比较，得到平均最邻近指数，以此来判断民居聚落的空间分布类型，计算公式如下（田野等，2019）：

$$NNI = 2\frac{\sum_{i=1}^{N}\frac{MIN(d_{ij})}{N}}{\sqrt{\frac{A}{N}}} \tag{2-2}$$

式中：NNI 为最近邻指数；MIN（d_{ij}）表示指定区域任意一点与其临近事件点的最短距离；A 为研究区域面积；N 为点的数量。若 $NNI=1$，说明研究数据在空间上呈随机分布模式；若 $NNI<1$，则说明研究数据在空间上呈集聚分布模式（其中 $NNI=0$ 为完全集聚分布）；若 $NNI>1$，说明研究数据在空间上呈离散分布模式。

3. 位序-规模法则

位序-规模法则是从民居聚落规模和规模位序的关系角度来研究一个民居聚落规模分布情况。位序-规模法则认为在民居聚落等级和民居规模之间存在恒等式（孙斌栋，2022），即：

$$P_i gR_i^q = A \tag{2-3}$$

$$\ln P_i = \ln A - q\ln R_i \tag{2-4}$$

式中：R_i 为聚落 i 的等级；P_i 为聚落 i 的规模；A 为常数；q 为 Zipf 指数。将其引入川西北高寒地区民居聚落规模等级结构研究中，即：

$$S_i gI^q = A \tag{2-5}$$

$$\ln S_i = \ln A - q\ln I \tag{2-6}$$

式中：S_i 为第 i 位民居聚落规模，用民居聚落面积表示；I 为县域的位序。Zipf 指数反映民居聚落规模等级结构的空间分布模式，当 $q=1$ 时，川西北高寒地区民居聚落处于自然状态下的理想分布，各规模等级民居聚落数量比例合理；当 $q>1$ 时，规模等级结构呈幂律分布，民居聚落规模分布差异程度较大，民居聚落面积集中于高位序县域；当 $q<1$ 时，规模等级结构空间分布呈现均衡化模式，民居聚落规模分布比较分散，高位序县域民居聚落规模不突出。因此，可以通过 Zipf 指数研究分析川西北高寒地区民居聚落的规模分布特征。

2.2.2 民居聚落空间分布特征

1. 不同海拔民居聚落分布特征

川西北高寒地区位于青藏高原东缘，中国第一级阶梯和第二级阶梯交界处，海拔剧烈变化，最高海拔高度为 7473m，而最低海拔高度仅为 770m。利用等间距分级法将该地区高程分为五个级别，分别为小于 1500m、1500～2500m、2500～3500m、3500～4500m 及 4500 以上，通过 ArcGIS 对不同高程带内的聚落面积进行统计（表 2-2）。

川西北高寒地区绝大部分聚落集中分布于海拔 4500m 以下区域，770～4500m 高程带内聚落面积累计占比超过 99%，2500～3500m 高程带占比最高，该区域内聚落面积占比接近一半。海拔 4500m 以上区域聚落分布较少，该区域内鲜有聚落分布，数量占比仅为 0.07%，面积占比仅为 0.03%。面积占比随着海拔的上升，先上升后下降，并不完全遵循随海拔上升而下降的规律。主要是因为川西北高寒地区山高谷深，“焚风”效应显著，导致低海拔地区自然资源相对恶劣；高海拔地区气候严寒，自然环境较为恶劣，少有聚落分布于此；而中海拔地区，虽然海拔较高，但气候较为湿润，水热组合条件较好，适合作物生长，因此该区域聚落分布最密集，面积占比最大。

不同高程范围内的民居聚落个数及面积统计　　表 2-2

海拔(m)	聚落个数(个)	数量占比	聚落面积(hm^2)	面积占比
＜1500	7811	8.90%	3445.6709	7.15%
1500～2500	24164	27.54%	8412.3935	17.46%
2500～3500	32997	37.62%	22294.3062	46.29%
3500～1500	22696	25.87%	14000.7016	29.07%
＞4500	64	0.07%	16.1232	0.03%
合计	87732	100.00%	48169.1954	100.00%

2. 不同坡度民居聚落分布特征

参考《土壤侵蚀分类分级标准》SL 190—2007 中地面坡度分级标准，将研究区坡度划分为 6 级（表 2-3）。统计发现，大部分民居聚落集中分布于小于 15°的区域，该区域面积占比不超过 30%，而民居聚落面积合计 34796.9573hm^2，占研究区居民聚落的比例超过 70%；0°～5°、5°～8°、8°～15°坡度段民居聚落数量占比分别为 14.41%、13.42%、26.72%，面积占比分别为 26.66%、18.08%、27.50%，数量占比均小于面积占比，说明该区域内大型、中型民居聚落居多；川西北高寒地区坡度大于 25°的区域超过 40%，而区域内民居聚落面积为 3997.3417hm^2，占比不足 10%，25°～35°和大于 35°坡度区域的民居聚落数量占比分别为 13.10%、2.77%，面积占比分别为 6.81%、1.49%，数量占比均大于面积占比，说明该区域内民居聚落以极小型民居和小型民居聚落为主。

不同坡度范围内的民居聚落个数及面积统计　　表 2-3

坡度	民居聚落个数(个)	数量占比	民居聚落面积(hm^2)	面积占比
0°～5°	12643	14.41%	12841.9179	26.66%
5°～8°	11777	13.42%	8709.2301	18.08%
8°～15°	23446	26.72%	13245.8093	27.50%
15°～25°	25942	29.58%	9374.8965	19.46%
25°～35°	11494	13.10%	3280.2303	6.81%
＞35°	2430	2.77%	717.1114	1.49%
合计	87732	100.00%	48169.1955	100.00%

3. 不同坡向民居聚落分布特征

川西北高寒地区冬季严寒漫长，阳坡提供充足的采光、丰富的生活资源和良好的植被条件，更适于民居选址。依据山体接收太阳辐射的差异，坡向可分为阳坡（南向、西南向）、半阳坡（西向、东南向）、半阴坡（东向、西北向）、阴坡（北向、东北向）。从表 2-4 可以看出，川西北高寒地区民居聚落的数量和面积在坡向上均呈现南向＞东南向＞西南向＞东向＞东北向＞西向＞北向＞西北向＞平地的分布特征。

川西北高寒地区的地形坡向分布较为均匀，无突出的坡向分布，将民居聚落与不同方向和阴阳坡向上的位置叠加分析发现，民居聚落在坡向上以南向阳坡最多，为 16161 个民居聚落，其次为东南向半阳坡和西南向阳坡，分别有 13938 个和 13539 个民居聚落。阳坡、半阳坡各有29700个和22882个民居聚落，共计52582个，占民居聚落总数量和总面积的59.93%和59.08%；阴坡、半阴坡各有15936个和18868个民居聚落，共计34804个，占民居聚落总数量和总面积的40.07%和40.92%。

不同坡向范围内的民居聚落个数及面积统计　　表2-4

坡向	民居聚落个数(个)	数量占比	民居聚落面积(hm^2)	面积占比
平地	346	0.39%	436.4700	0.91%
北向	6963	7.94%	4062.9359	8.43%
东北向	8973	10.23%	5156.8597	10.71%
东向	11821	13.47%	6157.1689	12.78%
东南向	13938	15.89%	7397.3673	15.36%
南向	16161	18.43%	8719.6849	18.10%
西南向	13539	15.43%	7389.6158	15.34%
西向	8944	10.19%	4950.1205	10.28%
西北向	7047	8.03%	3898.9724	8.09%
合计	87732	100.00%	48169.1954	100.00%

4. 不同地质灾害区民居聚落分布特征

川西北高寒地区民居聚落集中分布于距离灾害点小于1km区域内，该区域内民居聚落个数和民居聚落面积分别为58969个和31633.2649hm^2，分别占比67.21%和65.67%。2.5km范围内，民居聚落个数和面积随距离的增加而减少，2.0～2.5km内民居聚落面积占比为2.92%，仅占0～500m的6.2%。这是因为川西北高寒地区灾害点大多位于水系或道路沿线，民居聚落分布主要由河流、低海拔等正向作用决定，因此造成灾害点周围民居聚落密集的现象。此外，民居聚落周围的人类活动也容易诱发地质灾害的发生。地质灾害发生地多位于断裂带上，地质构造复杂且不稳定，灾害再次发生的可能性较大，不利于民居聚落的长期发展，总体来看，民居聚落与地质灾害点分布有一定的空间重叠性，主要受制于区域地形地貌。不同地质灾害距离范围内的民居聚落个数及面积统计结果见表2-5。

不同地质灾害距离范围内的民居聚落个数及面积统计　　表2-5

到地质灾害距离	民居聚落个数(个)	数量占比	民居聚落面积(hm^2)	面积占比
0～0.5km	42291	48.21%	22679.9885	47.09%
0.5～1.0km	16678	19.01%	8953.2764	18.59%
1.0～1.5km	6776	7.72%	4004.8417	8.31%
1.5～2.0km	3822	4.36%	2535.0167	5.26%
2.0～2.5km	2510	2.86%	1407.9783	2.92%
>2.5km	15655	17.84%	8588.0938	17.83%
合计	87732	100.00%	48169.1954	100.00%

5. 民居聚落随道路的分布特征

交通直接影响民居聚落间的物质、信息、能量与人员的交换、传递和沟通等活动，是影响民居聚落空间分布的主要因素。道路作为交通的主要载体，对民居聚落分布有重要影响。由表 2-6 可知，距离道路 2500m 范围内，民居聚落个数和民居聚落面积均随距离的增加而减少，0～500m 内民居聚落分布最集中，民居聚落个数和民居聚落面积为 35190 个和 14013.6850hm^2，分别占比 40.11%和 29.09%，面积占比小于数量占比。说明川西北高寒地区道路旁大多分布民居聚落规模较小，极小型民居聚落和小型民居聚落居多。距离道路大于 2500m 的民居聚落个数和面积分别占比 30.01%和 36.42%，表明有相当大比例的民居聚落交通条件仍然相对落后，道路通达性提升空间较大。

不同距离范围内的民居聚落个数及面积统计　　表 2-6

到道路距离	民居聚落个数(个)	数量占比	民居聚落面积(hm^2)	面积占比
0～500m	35190	40.11%	14013.6850	29.09%
500～1000m	10525	12.00%	7280.2495	15.11%
1000～1500m	7096	8.09%	4286.7932	8.90%
1500～2000m	4908	5.59%	2967.8365	6.16%
2000～2500m	3685	4.20%	2075.5382	4.31%
>2500m	26328	30.01%	17545.0930	36.43%
合计	87732	100.00%	48169.1954	100.00%

6. 民居聚落随河流的分布特征

水是人类赖以生存的最基本的物质基础，民居聚落伴水而生，乡村的发展离不开河流水资源的支撑，河流因素对民居聚落布局的影响十分明显。由表 2-7 可知，川西北高寒地区民居聚落集中分布于距离河流 0～800m 内，该区域内民居聚落个数占比 33.58%，而面积占比高达 61.55%，远高于数量占比，说明川西北高寒地区河流水系旁大多分布民居聚落规模较大，大型民居聚落和中型民居聚落居多。距离河流 0～3200m 内，随着距离的增加，民居聚落个数和民居聚落面积逐渐下降，尤其是在 800m 以后，民居聚落个数和面积下降明显。距离河流大于 3200m 的民居聚落个数和面积占比分别为 36.33%和 18.41%，个数占比远大于面积占比，该区域内主要以极小型民居聚落为主。总体来看，民居聚落具有靠近河流分布的特征。

不同距离范围内的民居聚落个数及面积统计　　表 2-7

到河流距离	民居聚落个数(个)	数量占比	民居聚落面积(hm^2)	面积占比
0～800m	29458	33.58%	29646.5148	61.55%
800～1600m	12456	14.20%	5098.1621	10.58%
1600～2400m	8123	9.26%	2648.2878	5.50%
2400～3200m	5825	6.64%	1907.2982	3.96%
>3200m	31870	36.32%	8868.9325	18.41%
合计	87732	100.00%	48169.1954	100.00%

2.2.3 民居聚落空间聚集特征

1. 民居聚落空间分布密度分析

研究区域的民居聚落空间分布差异显著，核密度值在空间上呈现由西向东、由北向南递减的趋势。从县级行政区单元来看，发现研究区不同县区之间民居聚落的核密度值存在明显差异。总体来看，民居聚落密度较高的地区大多位于川西北高寒地区海拔较低的东部，集聚最集中的地区主要分布在泸定县、小金县和茂县；中高密度聚集区主要分布在高密度民居聚落的周围，如金川县、理县、汶川县等；核密度值较低的民居聚落总体上较分散地分布在西部、北部高海拔地区，在东北部如九寨沟县也有分布。

将核密度指数进行重新分类后，对研究区域的民居聚落点进行赋值，分值越大，民居聚落的核密度等级越高。利用 ArcGIS 的"聚类和异常值分析"工具，对民居聚落核密度值进行空间自相关分析，并按照核密度分值的空间相关性分为高高聚集型（即 HH 型，指高密度值和高密度值民居聚落聚集在一起）、低低聚集型（即 LL 型，指低密度值和低密度值民居聚落聚集在一起）、高低聚集型（即 HL 型，指高密度值民居聚落为低密度值民居聚落所包围）、低高聚集型（即 LH 型，指低密度值民居聚落为高密度值民居聚落所包围），以及非显著型（即 NS 型，指民居聚落随机无序分布，密度值之间无统计学意义）五种。

研究区民居聚落中，HH 型主要分布在九寨沟县、白玉县、金川县、康定市、雅江县等地区，且多呈团状分布；LH 型民居聚落多呈点状散布在 HH 型民居聚落四周，若尔盖县、九寨沟县、松潘县、小金县是 LH 型民居聚落分布的主要地区；LL 型民居聚落主要分布在石渠县、色达县、阿坝县、甘孜县、炉霍县、新龙县、得荣县等，多呈团状分布；NS 型民居聚落则在整个研究区都有分布，这些民居聚落主要分布在黑水县、理县、乡城县、九龙县等地区。

2. 民居聚落空间集散模式分析

（1）最邻近指数法

从图 2-9 可以看出，川西北高寒地区民居聚落的平均最邻近距离观测值为 1099.8436m，平均最邻近指数 *ANN* 为 0.158，小于 1，这说明川西北高寒地区民居聚落

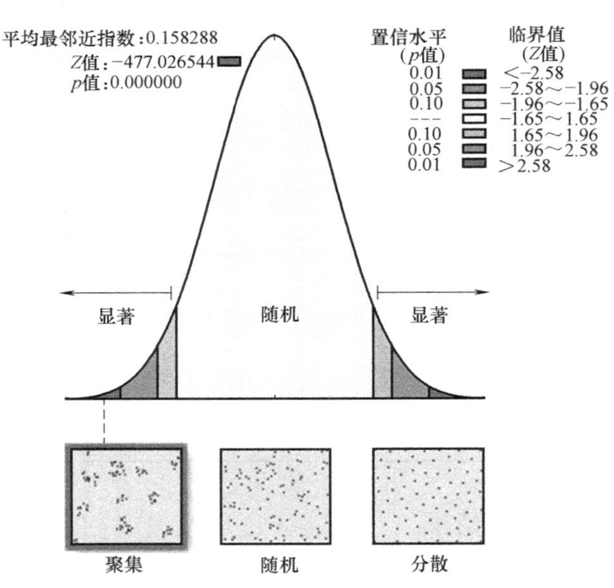

图 2-9　居民聚落最邻近指数分析结果

的空间分布属于集聚分布模式，且集聚程度较高。p 值小于 0.01，分析结果的置信度超过 99%。显著性检验中，Z 为负值，表明研究区随机产生聚类模式的可能性较小，即民居聚落处于较显著的集聚状态。

由表 2-8 可知，总体来看，研究区内的所有行政区 *ANN* 值都小于 1，说明研究区民居聚落呈现集聚性分布，且大部分地区随机产生此聚类模式的可能性极低，个别行政区随机产生此聚类模式的可能性小于 10%，说明研究区民居聚落总体上集聚形态较为明显。研究区民居聚落集聚性存在明显差异，其中巴塘县的 *ANN* 值最小，为 0.12，是研究区民居聚落集聚性最高的行政区，若尔盖县的 *ANN* 值最大，为 0.36，是研究区民居聚落集聚性最低的行政区。

研究区集聚状况与该地区自然环境有着较大的关系。结合两个极值区的自然环境状况可以发现，由于若尔盖县位于研究区域东北部，境内地理单元存在较大差异，加之境内丘状高原广布、海拔高，辖区面积大，自然地理环境使得原始民居聚落之间联系不大，对民居聚落集聚造成一定限制。而位于研究区域西南部的部分区县，县域内存在自然条件较好、资源禀赋相对集中的区域，境内的民居聚落分布集聚性更明显。

民居聚落平均最邻近距离分析表　　表 2-8

行政区	平均最邻近距离期望值(m)	观测最邻近距离平均值(m)	*ANN* 值	*Z* 得分
若尔盖县	583.85	1643.77	0.36	−45.34
阿坝县	362.68	1321.36	0.27	−57.85
甘孜县	282.27	1373.81	0.21	−56.08
茂县	95.55	429.36	0.22	−122.28
色达县	398.72	1226.75	0.33	−64.91
石渠县	374.46	1944.78	0.19	−51.33
汶川县	105.78	460.91	0.23	−95.72
康定市	123.72	765.70	0.16	−145.30
炉霍县	316.07	1041.83	0.30	−45.90
金川县	183.81	704.84	0.26	−79.65
九寨沟县	150.83	794.01	0.19	−81.80
松潘县	166.37	939.54	0.18	−91.23
德格县	209.88	907.30	0.23	−96.55
理塘县	237.81	1577.72	0.15	−71.19
红原县	394.01	2452.11	0.16	−31.91
丹巴县	162.49	751.31	0.22	−78.85
小金县	117.47	555.37	0.21	−127.00
道孚县	235.79	1097.62	0.21	−63.16
泸定县	68.21	262.64	0.26	−118.87
稻城县	175.27	1026.58	0.17	−77.59
白玉县	152.11	872.47	0.17	−94.85
黑水县	231.84	866.34	0.27	−57.92

续表

行政区	平均最邻近距离期望值(m)	观测最邻近距离平均值(m)	*ANN* 值	*Z* 得分
巴塘县	91.32	731.33	0.12	−113.99
九龙县	92.02	697.84	0.13	−119.57
理县	131.61	649.01	0.20	−72.49
新龙县	533.75	1947.49	0.27	−39.38
雅江县	470.90	1783.03	0.26	−41.98
壤塘县	361.42	1419.35	0.25	−43.74
乡城县	325.40	1297.87	0.25	−37.68
马尔康市	722.29	2314.87	0.31	−23.17
得荣县	174.09	1099.84	0.16	−477.03

(2) 位序-规模法则

对川西北高寒地区县域民居聚落面积位序-规模回归曲线的计算结果进行分析可知(图 2-10)：县域民居聚落面积与各个县民居聚落面积位序间拟合程度较好，相关指数为 0.877，属于高度相关，说明川西北高寒地区民居聚落面积的位序-规模分布同样符合 Zipf 法则。Zipf 指数为 0.38，远小于 1，说明川西北高寒地区民居聚落分布比较分散，高位序县域民居聚落规模不突出。

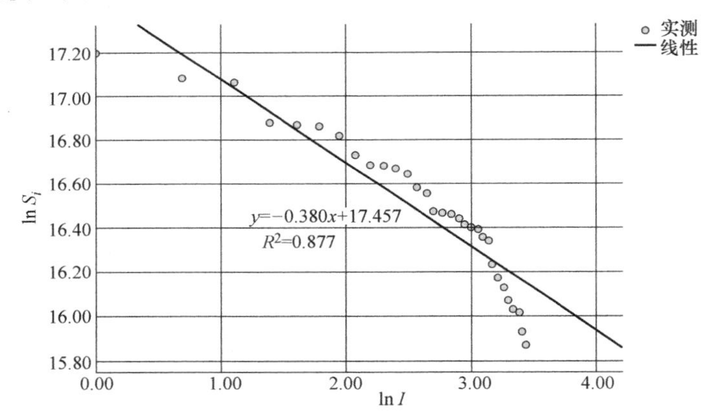

图 2-10　县域民居聚落面积位序-规模分布双对数坐标曲线

2.2.4　民居聚落规模特征

川西北高寒地区最大民居聚落斑块面积为 395.41hm^2，最小斑块面积不足 100m^2，民居聚落用地规模差异显著。民居聚落平均斑块面积为 0.55hm^2，81.74%的民居聚落面积小于平均值。加之，研究区民居聚落斑块面积中位数为 0.1238hm^2，斑块密度为 0.36 个/km^2，因此，川西北高寒地区民居聚落数量偏少，规模较小，民居聚落面积大小悬殊。

根据民居聚落斑块的面积大小，将研究区的民居聚落划分为极小型民居聚落、小型民居聚落、中等民居聚落和大型民居聚落四个等级。统计不同民居聚落等级的数量和面积，由表 2-9 可以看出，面积小于 0.1hm^2 的民居聚落称为极小型民居聚落，该类型数量较多，有 37661 个，占民居聚落斑块总数的 42.91%，其用地面积约 2070.77hm^2，民居聚落平均面积仅 0.055hm²，具有数量多、规模小的特点。

小型民居聚落面积介于 0.1～1hm²，有 40554 个，是研究区数量最多的民居聚落类型，它在各个县均有分布，其中丹巴县、泸定县、康定市、小金县、汶川县分布相对集中。小型民居聚落用地面积约 12606.78hm²，平均斑块面积为 0.31hm²，民居聚落也呈现数量多但规模较小的分布特征。

中型民居聚落面积为 1～5hm²，它是研究区用地面积最大的民居聚落类型，占民居聚落总面积的 35.13%，平均斑块面积为 2.02hm²。但中型民居聚落数量也比较少，为 8389 个，占斑块总数的 9.56%。中型民居聚落广泛分布于各个县。

大型民居聚落面积在 5～10hm²，大多在村镇中心附近分布，由众多农村居民点共同组成，其用地面积为 16578.83hm²，平均用地面积约 14.341551hm²，数量最少，仅有 1156 个，占民居聚落斑块总数的 1.32%。该民居聚落类型每个县均有分布，若尔盖县、阿坝县和甘孜县是大型民居聚落分布数量最多的三个县。

总体来看，川西北高寒地区的民居聚落以大型民居聚落和中型民居聚落为主，占全区民居聚落面积总数的 69.54%。而极小型民居聚落、小型民居聚落斑块共有 48215 个，只占民居聚落斑块总数的 89.12%。产生这种现象的主要原因是研究区多高山峡谷，且海拔高、坡度大、气候寒冷，复杂的地理环境促使人们互助协作、抱团取暖，共同应对恶劣环境，形成具有一定规模的民居聚落。

研究区民居聚落等级统计表　　表 2-9

民居聚落等级	面积范围 (hm²)	民居聚落数量(个)	数量占比	民居聚落面积(hm²)	面积占比	平均斑块面积(hm²)
极小型民居聚落	≤0.1	37649	42.91%	2063.58	4.28%	0.054984
小型民居聚落	0.1～1	40541	46.21%	12599.03	26.16%	0.310864
中型民居聚落	1～5	8386	9.56%	16927.98	35.14%	2.018069
大型民居聚落	>5	1156	1.32%	16578.61	34.42%	14.341551

2.3 川西北高寒地区传统民居总体概况

川西北高寒地区由于地理位置特殊，地形起伏变化大、山高谷深、风多雨少、气候多变、日照较长；同时，广阔的森林资源、草地资源和特殊的地质环境条件，给民居提供了特殊的建材材料。该地区传统民居结合不同区域条件，受到汉族、羌族等兄弟民族的影响，在保持日常生活习惯、农牧业生产需要、宗教信仰和防御需求等功能的前提下，因地制宜就地取材，形成藏族民居丰富多彩的类型。从传统民居存在方式来看，大体分为固定式传统民居和移动式传统民居，移动式传统民居主要分布于牧区和半农半牧区。从传统民居的营建技术来看，大致分为石木结构建筑、土木结构建筑（含夯土建筑）和木结构建筑。川西北高寒地区传统民居建筑结构示意图见图 2-11。

2.3.1 石木结构

虽然川西北高寒地区民居文化和居民生活方式有较大差异，但石木结构的传统民居是

色达县石木结构民居　九寨沟县石木结构民居　黑水县石木结构民居　理县石木结构民居

汶川县石木结构民居　理塘县石木结构民居　雅江县石木结构民居　康定市石木结构民居

松潘 县 土 木结构民居　甘孜县土木结构民居　新龙县土木结构民居　炉霍县木结构民居

图 2-11　川西北高寒地区传统民居结构示意图

区域内分布最广的。石木结构是以石材和木材为主要材料的结构形式，基础和墙身为石砌体，梁柱板等为木构件共同组成建筑的受力体系，故石砌民居总体分布在岩石资源和森林资源比较丰富且容易获取的地带。根据实地调研和查阅文献资料发现，石木结构民居主要分布在研究区东部岷江上游流域、南部的大渡河上游及其大小金川流域。四川的嘉绒藏族地区（如丹巴县）、岷江流域的茂县和理县等区县是石木结构民居分布的三个密集区和核心区（图 2-12）。

图 2-12　阿坝藏族羌族自治州理县石木结构传统民居聚落

石木结构传统民居大多依山而建，外形端庄稳固，风格古朴粗犷，外墙向上收缩，内墙仍为垂直。民居多为两层或三层，底层圈养牲畜或储藏物品，层高较低；二层多为居住层，大间作堂屋、卧室、厨房，小间为储藏室或楼梯间；若有第三层，则多作经堂和晒台之用。从垂直分布上来看，川西北高寒地区地域辽阔，地势不一，依据地理地貌条件和选址的不同，可将石木民居的分布归纳为山腰缓坡型、山腰台地型、山谷河岸型。山腰缓坡型石砌民居主要利用其有利的地形垂直于等高线修建，以减少开挖土方量，建成后视野开阔便于防御，民居常建于山腰的北坡面朝南方以使冬季能获得更多的太阳辐射，同时背靠大山又能阻挡冬季寒风，整体上建筑布局较为分散。山腰台地型民居选址位于山腰台地，虽地势较为平坦，但是台地面积有限，为最大化利用生产生活用地，因此建筑布局一般较为集中。山谷河岸型民居，山谷河岸周边自然资源丰富，水源充足土地肥沃，有利于农业生产，因此建筑在选址时大多位于坡地或者不利于耕种的土地上，以节省耕地资源。

2.3.2 土木结构

川西北高寒地区土木结构传统民居一般以夯土为墙、立木为架，是就地取材的建筑典范（图 2-13）。土木结构传统民居的墙基通常由石块砌筑，其底部的墙体厚度大多在 1m 以上，越往上建筑墙体越薄。内墙陡直，外墙略向内倾斜，于是就形成上窄下宽的“宝塔式”外观，这类民居通常为三层左右，建筑时间 3～4 年，耗时较久的主要原因是每一层泥墙需要充分干透后再建下一层。施工时先挖出地基，用石块砌出 1m 多高的墙基，房屋的中间并列几根房柱，房柱下垫放坚实的石块。房柱为坚硬的原木，房柱数量根据房屋大小而有所区别，柱子一般直接从一楼抵达顶楼。楼层之间的隔材非常丰富，首先在房柱上架梁，梁之上搭横木；横木之上再整齐摆放桦木树条；桦木树条上再放一种藏语叫“色尔日”的灌木树丫（高山紫色的小杜鹃树），这种树枝防虫防潮千年不朽；在“色尔日”树枝之上再铺厚厚的青稞草，青稞草会减轻木条对泥土的破坏；然后再在青稞草上覆盖拌了青稞秸秆的黄泥。房屋内通常用木板间隔，房顶是平的，上面用黄泥土铺面，滴水不漏，而且踩上去不会泥泞。墙体则是用黄泥拌青稞秸秆夯筑，外墙面从上至下用细泥糊遍（杨素筠，2020）。

图 2-13　川西北高寒地区土木结构传统民居

土木结构传统民居一般由主楼和前院两部分组成。院子里通常种有花草、小菜和树木，整个前院形成一个独立的小世界。主楼分为三层或者四层，通常为三层。一楼在过去主要用来饲养牲畜，现在主要用来堆放粮食和杂物；二楼是人们居住的地方，用作卧室、客厅、储藏室；三楼或者四楼要设置一个约 $40m^2$ 的经堂，经堂内供奉画像和唐卡等。

受土木结构建筑所使用建材—黏土和木材的地域限制，这类建筑大多坐落于阳光充足、土地资源丰富、树木茂盛、临近水源、地质环境安全且临近适宜种养殖的位置。这使得土木结构建筑在选址时，大多选择山的阳面，以保证充足的日照，满足庄稼的生长需求，且可达人体适宜生存的温度，减少柴火的使用。从水平分布来看，土木结构民居主要分布于甘孜藏族自治州甘孜县、炉霍县、新龙县、道孚县、德格县以及阿坝藏族羌族自治州茂县、汶川县、阿坝县等地。从垂直分布来看，传统民居选址因受地理和资源等条件的影响，大多坐落于山间河谷的不同地理环境，但大多建立在缓坡或平坦地带。

2.3.3 木结构

川西北高寒地区人们充分利用当地的土、木、石等材料，创造了许多经济实用的民居。在该地区传统固定式建筑中，无论是木结构建筑、土木结构建筑，还是石木结构建筑，都离不开木，所以木作技术在研究区传统民居建造技术中十分突出（图 2-14）。该地区传统木结构民居与藏族传统碉房式民居接近，区别在于墙体不承重，而以木结构承担荷载。在结构形式上，这种民居属井梁密肋结构，不同于抬梁式半坡平顶结构，构造简单。以方木拉结柱头，柱头上承密肋状水平方椽，上覆屋面。在平面布局上，无抬梁式建筑间架组合，而是以井字网格组合，完全满足民居各种空间的需求，屋面的排水坡度仅由覆土层调整（唐晓军，2011）。

川西北高寒地区木结构民居大多为木框架承重，在靠近汉族地区的康定市、泸定县也有外形与汉族穿斗式相似的坡屋顶住宅。“崩科”是该地区传统民居中十分具有民族特色和地域特点的木结构建筑，是川藏线上众多民居中的一道美丽风景。木结构则主要以炉霍县、道孚县等所在地的柜架式崩科木结构和地理位置更接近汉族聚集区的鲜水河流域与折多河流域沿线的民居，如康定市、泸定县等地的穿斗式民居，色达县、新龙县等县由于与上述有柜架式崩科的地区接壤，因而也有下层为石砌、上层崩科的混合结构民居。

图 2-14 炉霍县雅德乡邓达村木结构民居

第3章

川西北高寒地区传统民居特征

3.1　传统民居的类型及基本特征

受地质环境、气候条件、区位条件等因素影响，川西北高寒地区传统民居在长期演变和发展过程中逐渐形成了不同的类型及特征。因研究范畴与目的不同，因此存在不同的分类。为了更清楚地掌握该区域传统民居的主体特征，本次研究主要从传统藏羌民居的体型要素、形态要素、结构要素、构造要素及装饰要素等方面进行分类研究。一是按建筑体型的不同，从民居平面、立面要素分析；二是从内部功能空间进行分析；三是按结构构件材料类型的不同，从石木结构、土木结构及木结构层面分析；四是按屋顶、墙体等构造形式的不同，从平屋顶、坡屋顶及平坡混合式屋顶等进行分析；五是从民居的装饰文化进行分析。从研究结果来看，无论哪种类型民居，其特征都体现出对相应自然环境、人文环境及生产生活方式的适应。

3.1.1　建筑体型

从民居平面来看，建筑体型主要有四种常见形式："一"字形、"L"形、"凹"形、"回"字形（表3-1）。无论哪种平面布局类型，建筑朝向都会考虑避风向阳。因此，建筑平面总体呈现东西长、南北短、凹口多向南开的特点。

民居平面类型　　表3-1

类型	示意图	实景照片	特征
"一"字形	建筑 院落		"一"字形建筑平面布局形式为前院后宅，民居平面为矩形或方形，院落一面为建筑，另外三面用围墙围合
"L"形	建筑 院落		"L"形建筑平面布局在主体建筑的一端垂直向前伸出，扩大使用空间，院落两侧为建筑，另外两侧用围墙围合

续表

类型	示意图	实景照片	特征
“凹”形	建筑 院落		“凹”形建筑平面在主体建筑的两端垂直向前伸出成对称形式，院落三侧为建筑，一侧用围墙围合
“回”字形	建筑 院落		“回”字形建筑平面在四面均有建筑，院落位于围合建筑中间

从民居立面来看，川西北高寒地区传统民居立面主要由墙体、门窗和屋顶构成，部分石木、土木结构民居的屋顶与墙体连为一体。石木、土木结构建筑立面形态端庄稳固，建筑外形向上收分，形成上窄下宽的形式；土木结构民居中，藏族与羌族的立面稍有不同；部分木结构民居，墙体没有收分，立面呈矩形（表 3-2）。

民居立面类型　　表 3-2

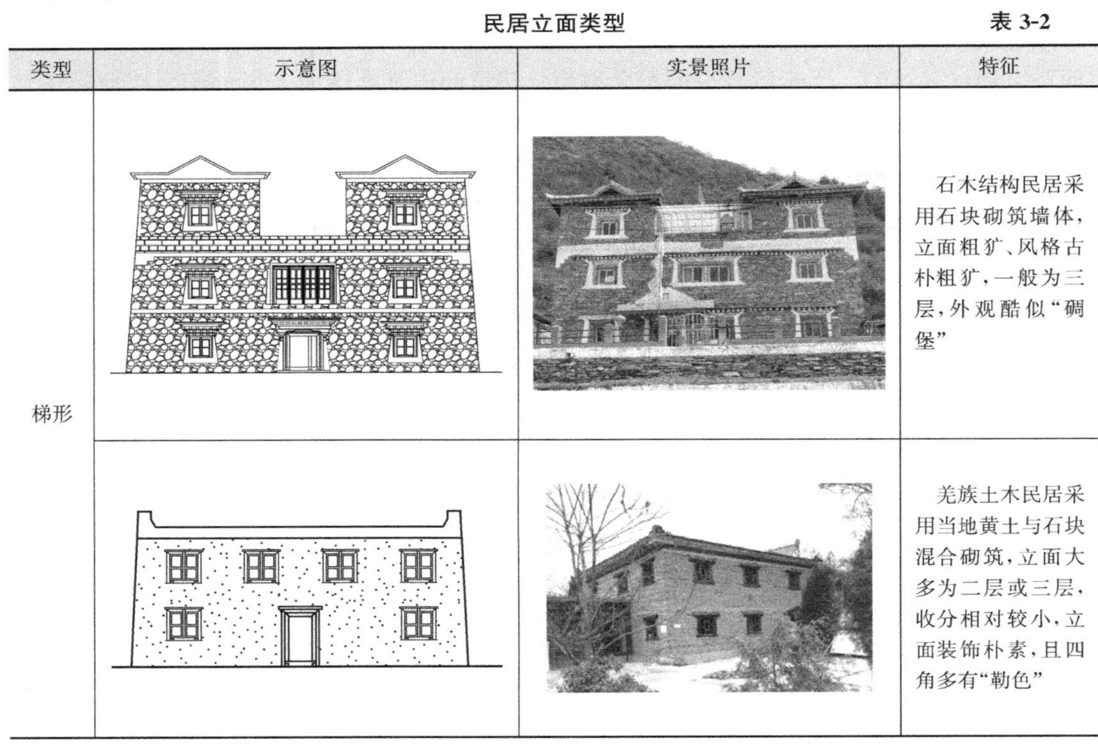

类型	示意图	实景照片	特征
梯形			石木结构民居采用石块砌筑墙体，立面粗犷、风格古朴粗犷，一般为三层，外观酷似“碉堡”
			羌族土木民居采用当地黄土与石块混合砌筑，立面大多为二层或三层，收分相对较小，立面装饰朴素，且四角多有“勒色”

续表

类型	示意图	实景照片	特征
梯形			相较于羌族，藏族土木民居外观更加方正、敦厚，整体呈敦厚的台体状，外立面还会施以白色条纹装饰
矩形			崩科房立面没有收分，呈矩形。墙身以半圆木堆叠，近看外部弯曲，从远处看，立面被施以红、橙、白三色，对比强烈。屋顶多为歇山顶式样
			川西北高寒地区的板房，从外部看与汉式传统民居差异不大，均为双坡屋顶，但传统民居的屋顶多用木板或石片压顶

建筑门窗开口大多设置在南立面，东面、西面的窗户开口面积相对较小，数量少，北面很少开窗。由于局部环境及小气候差异，民居建筑在东西向开窗的形式略有不同，如阿坝藏族羌族自治州金川县观音桥镇的依生村，位于高海拔山谷地带，局部地貌形成了长期的山地谷风，为了降低民居建筑能耗，民居的东、西墙面只开设小窗，甚至不开窗（表 3-3）。

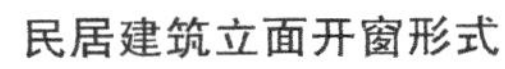

民居建筑立面开窗形式 **表 3-3**

类型	示意图	实景照片	特征
南向开窗形式			南侧为争取最大日照和采光，开窗面积最大

续表

类型	示意图	实景照片	特征
东侧开窗形式			东侧与其他民居距离近,开窗面积相对较小
西侧开窗形式			民居西侧较为开阔，无遮挡，受一定寒风影响,开窗相对较小
北向开窗形式			北侧无太阳直射,未开设窗洞

3.1.2 空间形态

川西北高寒地区传统民居建筑功能空间布局一般不讲究中轴对称，而是以主室为建筑空间的核心，依据实际生产生活的功能需求进行合理的空间布局。主室一般位于二层或三层，其空间一般比其他空间更加宽敞，火塘或火炉位于主室的中心位置，占据主导地位，其装饰凸显浓郁的民族文化色彩。部分依山而建的民居，由于用地受限，民居空间大小与布局更加灵活多变。

羌族民居建筑大多为 2～3 层，底层主要功能是堆放生产工具和饲料、放置杂物、喂养牲畜等；中间层一般由带火塘的主室、居住空间、储藏室等功能空间组成，生活空间大多布置在南侧，并设置较大的窗户，而北侧大多布置生活辅助空间或次要空间，基本不设置窗户；顶层平台错落有致，常做晒台与罩楼，有的四角突起，形成“勒色”。而楼梯是贯穿竖向空间的重要纽带，重要的生活空间也会紧邻楼梯布局。相较于羌族民居，藏族民居平面布局一般会在二层或三层设置经堂，作为日常祭拜、重大节日或祭典法事的场所，色尔古藏寨民居空间布局如图 3-1 所示。

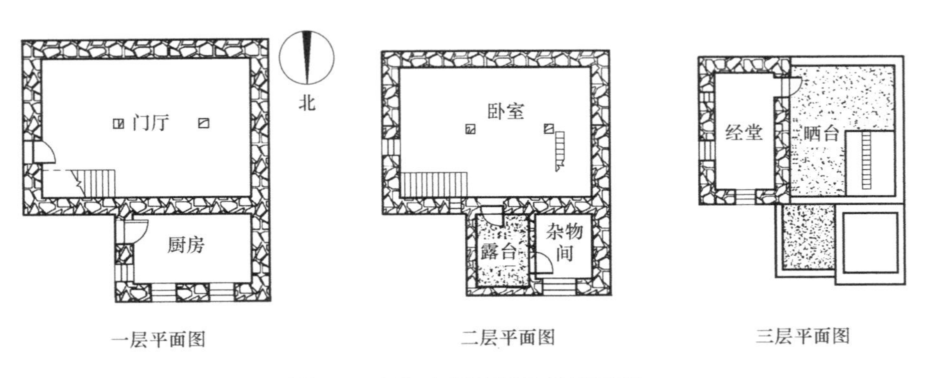

图 3-1　色尔古藏寨某民居平面图

3.1.3　结构类型

长久以来，受交通条件制约，川西北高寒地区的民居建筑大多依赖当地的黏土、木材、石材等材料，并结合自身的民俗文化和营建技术，创造了以土木、石木、木为主要承重构件的民居建筑。由于川西北高寒地区大部分地处高寒区，地质环境复杂，地质灾害频发，加之旧时各部族冲突不断，因此防寒、抗震和防卫功能是建造时重点关注的要点。

传统石木、土木结构建筑承重体系主要由外部厚重的墙体、内部木柱、木梁组成，厚重的墙体不仅发挥了蓄热保暖作用，其自下而上逐渐收分的形体还有效降低了建筑的水平地震剪切力。部分石木结构建筑由于跨度较大，为了结构更加稳固，内部的支墙与转角形成互相支撑的结构体系。木结构建筑承重体系主要由木柱、木梁组成，包括半圆木垒叠而成的崩科房和木框架结构两种形式。也有部分地区采用石木、土木与崩科建筑相结合的做法，如在道孚八美等地区常可以见到一层为石墙或夯土墙，二层以上采用崩科墙的做法，其开窗较大，民居整体显得下重上轻，上虚下实，给人以敦实稳重之感（图 3-2）。

3.1.4　屋顶

屋顶是川西北高寒地区民居建筑独特的组成部分，其形态特征不仅体现出当地居民的智慧和面对自然环境采取的应对方法，更是融合了不同地区的居民文化符号。川西北高寒地区传统民居屋顶主要有平屋顶、坡屋顶和平坡相结合屋顶三种形式。从地理空间分布来看，由西向东形成了平屋顶到坡屋顶的逐渐过渡，这在一定程度上体现出藏族和汉族文化的逐渐过渡。

汶川县马登村石木民居

色达县翁达村混合结构民居

炉霍县邓达村木民居

松潘县大屯村木民居

图 3-2　川西北高寒地区不同结构类型民居实例图

1. 平屋顶

平屋顶是川西北高寒地区传统民居最常见的屋顶形式，屋顶不仅是建筑顶部的承重和围护构件，还是重要的晾晒和休憩场地，也用来储藏、堆放粮食、草料、杂物及农具（图 3-3）。

道孚县勒伦村L形退台平屋顶

色达县甲柯村平屋顶

图 3-3　平屋顶实例图

相对于其他形式屋顶，平屋顶建造方式比较简单，造价相对低廉，一般将椽子作为底层承重构件，中间用树枝、石板或草泥填充，屋面则是经过夯打密实和浸油磨光的抗渗性土层。

2. 坡屋顶

受降水、降雪及多民族文化的影响，在羌族、藏族与汉族毗邻地域也常见到坡屋顶民居。如图 3-4 所示，坡屋顶形式主要有单坡、双坡、歇山式屋顶。受平面布局影响，也有不少屋顶由两个或三个歇山顶正交组合成变式歇山顶。依据当地材料，坡屋顶主要由石板、木板等材料铺设，随着汉族、藏族（羌族）文化交融，部分民居屋顶采用了汉式小青瓦等材料。

甘孜县庆地一村歇山顶民居

炉霍县仁达乡变式歇山顶民居

图 3-4 不同类型坡屋顶实例图

3. 平坡相结合屋顶

为了满足实际生活的需要，在笔者所调研的黑水县、茂县、康定市、理县等地区还衍生出平坡相结合的屋顶形式（图 3-5）。这种屋顶结合了平屋顶与坡屋顶的构造手法，在以坡屋顶为主的平坡屋顶构造中，在屋顶东西北三面石砌墙身继续抬起，通过搁置木柱、木檩条形成开敞式坡屋顶；在以平屋顶为主的构造中，通过三角形木桁架受力体系形成局部起坡，坡屋顶上主要用瓦或石板作为防水面，形成一个半开敞的空间，作为临时收藏谷物的储藏间。

康定市舍联村平坡混合式屋顶

理县古尔沟村平坡混合式屋顶

图 3-5 平坡相结合屋顶实例图

3.1.5 装饰文化

民居的装饰文化特征与所处的自然环境、人文环境有着密切的关联性，主要体现在民居装饰的材质、色彩、形制、图案或营建等方面。一直以来，文化是川西北高寒地区民族凝聚力和创造力的重要源泉，各民族在长期的历史发展过程中，逐步形成了本民族独具特色的风格，在建筑装饰方面还体现出独特的思想观念和人文精神。在岷江上游地区的羌族民居，建筑墙面总会装饰蓑衣或兽皮、门头上常悬挂牛羊头，是羌族农耕文化与游牧文化的直观体现，具有明显的区域文化特色。在汉族文化影响较大的汶川县、茂县一带，门上的对联、栏杆、窗和柱的装饰构件形态及雕刻与彩绘艺术都具有明显的汉族文化特征。相对于羌族民居，藏族民居虽然建筑形制与之大致相同，但由于受到藏族宗教文化、习俗及审美意识等因素影响，在建筑外形特征、细部装饰方面更加成熟丰富。近年来受多民族文化的影响，靠近东部的村落，藏族民居装饰与羌族、汉族及彝族民居装饰文化相互交融，甚至混为一体，难以辨认（戴志中，2002）。

3.2 石木结构民居特征

北宋著名建筑学家李诫在《进新修营造法式序》中提到“五材并用，百堵皆兴”，体现了因地制宜地利用当地材料进行建设的思想。川西北高寒地区的传统民居建筑用材极为广泛，涵盖了土、木、石、瓦等多种材料，主要形成了石木结构、木结构及土木结构三大类型，其中石木民居是分布最广、数量最多，也是最具代表性的结构类型。石木民居在藏族民居中占多数，也有部分分布在理县、茂县和汶川县的羌族民居。

石木民居由于其材料特性，通常具有耐久、耐磨、保暖等优良特性，也因内部设置木柱，内部空间布置更灵活，但也存在抗震性能差、易沉降开裂等问题。

3.2.1 体型要素特征

石木民居平面常见形式为矩形和L形（图3-6）。矩形平面主要受当地居民的生活方式与环境的影响，同时这种布局较为规整，便于设计与施工，体型系数也相对较小。L形

康定市舍联村矩形平面石木民居

理塘县千户藏寨L形平面石木民居

图3-6 石木民居体型特征

平面布局相对复杂，平面形态更能满足功能需求。

石木民居立面形态整体呈现出“实多虚少”的厚重特征，立面墙体收分较大，整体呈梯形，越往上收分越大。在屋顶的四个角分别有一个塔状砌体，代表当地居民对山神的崇拜。

3.2.2 形态要素特征

受地形地貌及环境气候影响，不同区域的石木结构民居在类型上呈现出不同的地域性特征，主要有墙承重式、墙柱混合承重式，承重体系进一步影响民居空间大小与布局。受材料的限制，墙体承重式通常为单层，由于房梁的限制，室内空间跨度约 5m，平面常为方形，结构与室内空间布局形式简单，仅满足简单的居住和生产，是较早的一种石木结构民居形式。层叠式常见于斜坡地带，属于墙承重式特例，主要在墙承重的基础上，依托地势，空间呈现出横向和纵向的延伸，布局灵活，随高度逐层退收。随着人居环境的改善，为了获得更大的室内空间，新的形式不断出现，墙柱混合承重式满足了大跨度和竖向空间的需求，通常有三层或四层，高度约 10m，功能布局更加灵活，是目前现存最多的石木结构民居（图 3-7）。

墙柱混合式

层叠式

图 3-7 石木民居形态特征

3.2.3 结构要素特征

与汉族传统民居一样，大尺度空间或多层的石木结构民居结构要素也包括墙体、柱、梁、檩条、椽子等，各结构构件依次承托上部传递荷载。石木结构民居建造时主要以石墙、木柱、木梁以及木檩条作为最主要的受力构件，构成空间受力体系，支撑着整个建筑楼层上的荷载。屋面、楼面荷载均匀地传递给石墙、木柱，形成石墙（木柱）、木梁、木檩条为主的受力体系，石墙（木柱）再把荷载均匀地传递给地基，其荷载传递路线大致为：屋面、楼面荷载→木檩条→木梁→木柱（石墙）→地基。

1. 结构构件

（1）石墙

早期石木民居的墙体是最主要的受力构件，承托木梁及其上部空间要素的荷载。石砌墙体的厚度一般为 0.4～1m，上部墙体的厚度一般为 0.4～0.5m，为增加稳定性，墙体自下而上会有3%～5%的收分角度，有时会在墙面加入木墙筋或在转角处选用体型较大的“过江石”（图3-8），以增加其韧性或抵抗外力的冲击。两端墙角用较大的石块砌筑，而往中间石块逐渐变小，自然形成了两端高、中间低的月牙形（图3-8），如此层层累积，墙面自然形成向中间聚焦的合力，增强了石墙对内的向心压力，形成了较强的稳定性。有些墙体过长，也会在墙体内侧中间增设扶壁柱支撑（图3-8），提升墙体刚度，以此增强结构整体稳定性。

墙体转角“过江石”

“月牙形”墙面

木柱

梁和柱

图3-8　承重构件

（2）木柱

柱是石木结构民居中重要的竖向受力构件，木柱承担上部木檩条、木梁传递的屋面、楼面荷载，一种是将荷载直接传递到地基；另一种是木柱将荷载传递给下部石墙，经由石墙再传递给地基（图3-8）。木柱的截面形式多样，但主要以圆形和方形为主。木柱用材大多为杉木，由于每层层高一般为2.3～2.5m，柱高也大多为2.5m左右，柱径也会随着楼层增高而递减，直径一般为180～320mm。许多承重柱没有柱基础，楼层中也几乎没有通柱，而是分层立柱。每层柱网的布局也比较灵活，没有严格的布局形式，故内部空间划分灵活。

（3）梁

梁是石木结构民居中最主要的受弯构件，处于中间环节的受力构件，主要将檩条承担的水平荷载转化为竖向荷载，并向下传递给石墙、木柱（图 3-8）。木梁布置较为灵活，一般根据木柱的布置位置确定，木柱与木梁常采用榫头连接。建造房屋时，木梁用材常为杉木，木梁不仅是承重构件，还是重要的装饰要素，通常有纹样雕刻或施以彩绘。

（4）木檩条

木檩条一般直径为 120～180mm，是石木结构民居中横梁上方、屋面板或楼板下承重构件，木檩条通常均匀整齐布局，形成平铺面，木檩条之间有一定间隔，有些木檩条设置檩托，还有一些端头直接搁置在石砌墙体上，将其上方的荷载传递给木梁或石墙，是横向抗剪力的重要构件之一。

（5）垫木

除了石墙、木柱、木梁、木檩条的受力结构构件外，一些讲究的石木结构民居还遵循着完备的构造手法，在梁和柱之间嵌入垫木等承接构件（图 3-9），其作用相当于斗拱，依次将梁上的荷载层层下移，最后转化为集中荷载传递给柱，如此一来，柱与梁之间的接触面变宽了，也提高了梁的抗弯抗剪能力，从而形成较为完善的木构架体系。但有时会省去垫木的做法，但这并不影响力的传递。

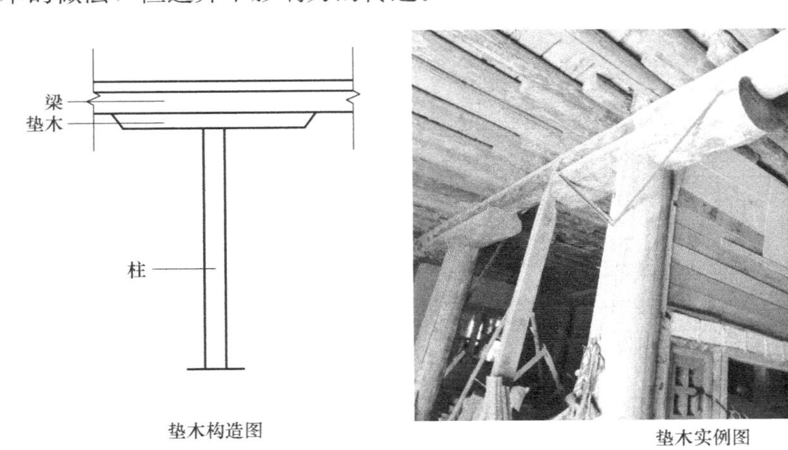

垫木构造图　　垫木实例图

图 3-9　垫木

2. 结构材料

川西北高寒地区传统石木结构民居营建材料主要有石材和木材。

（1）石材

川西北高寒地区石材来源十分丰富，大部分地区的岩体为较坚硬的花岗岩、板岩、灰岩及白云岩等，因硬度不高，易于开凿，具有良好的耐水性、防风性及抗压强度，因此成为当地主要石木结构民居的主要材料。受川西北高寒地区地质环境影响，不同区域的石材物理性能与机械性能也各不相同。如在理塘县、泸定县及康定市的多山一带大多为质地坚硬的片麻岩；在丹巴县、白玉县、巴塘县及得荣县一带大多为较软弱的片岩及云母片岩；在若尔盖县、红原县一带大多为第四系岩土体等。

这些石材由于岩性的差异，以及受自然侵蚀、风化的程度不同，呈现出不同的形态，有些为块状，有些为条状，还有些呈片状（表 3-4）。石材形态的不同，导致各地石木结构民居在造型风格及营建手法等方面体现出一定的差异性。

民居建筑石材特征 表 3-4

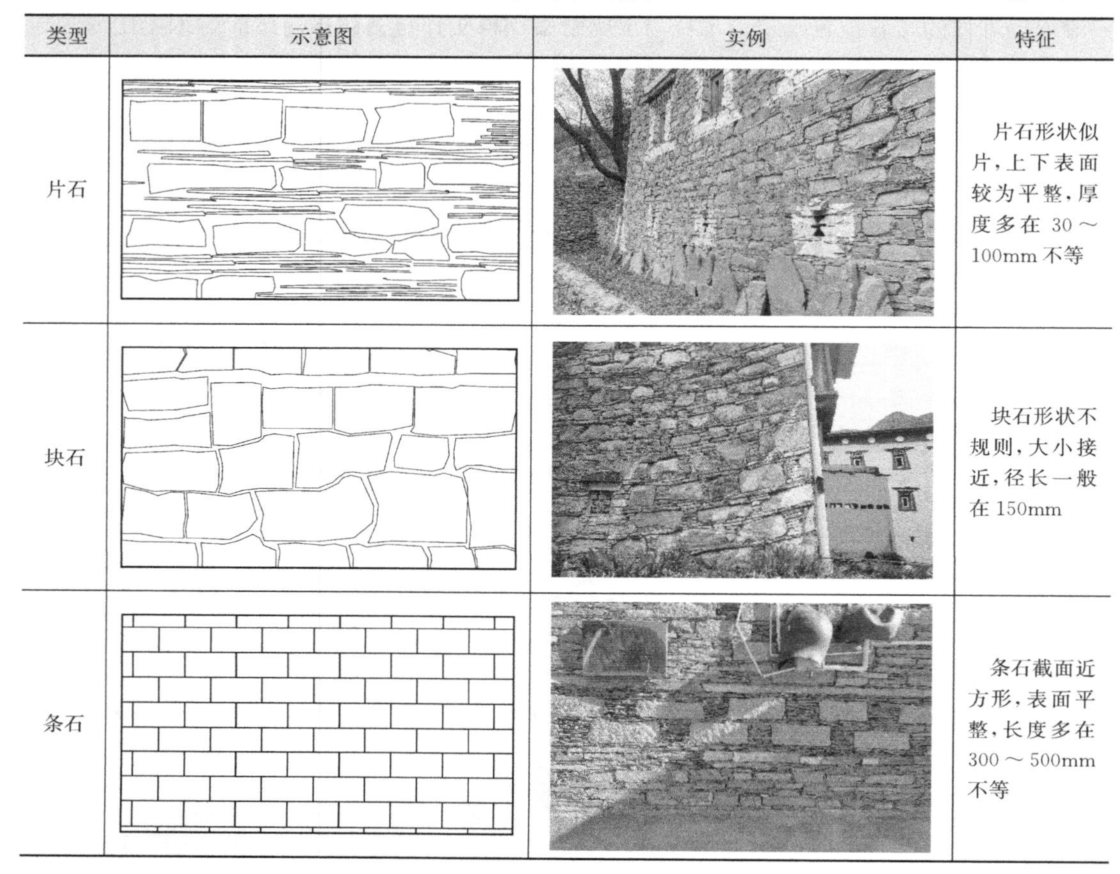

类型	示意图	实例	特征
片石			片石形状似片，上下表面较为平整，厚度多在 30～100mm 不等
块石			块石形状不规则，大小接近，径长一般在 150mm
条石			条石截面近方形，表面平整，长度多在 300～500mm 不等

（2）木材

“外不见木，内不见石”是川西北高寒地区传统石木结构民居给人的总体视觉印象，木材具有较好的抗压和抗弯性能，是石木结构民居中柱、梁和檩条等构件的重要材料来源，杉木通常作为柱、梁的用材。受地理环境和地质条件的影响，部分地区高大乔木较少，石木结构民居常用小乔木、灌木等替代。一般来说，用于建设木柱的木材不能达到通高要求，通常采用分层设置。木材除了用于承重结构构件，也广泛用于楼梯、门窗、墙面及地面装饰等。在一些区域的外墙砌筑时，会加入长 1.5～2m 的木条或树干充当墙筋，以提高石墙的抗拉和抗剪性能（图 3-11）。

（3）生土

生土是石木结构民居墙体部分的重要辅材，主要充当黏合剂的作用，生土和水以一定比例混合，可以使墙体更加牢固，也用于石材间的勾缝（图 3-10）。近年来，随着现代技术的发展，部分传统黏土被现代水泥所取代。

3. 结构特点

石木结构民居建造过程为，首先取表土至坚硬的持力层，平整地基后在其上砌筑石墙基础，逐层向上修砌，石材间用泥浆作为填塞和粘结材料，修筑过程仅凭砌筑工匠经验进行向上收分，墙体厚度通常在 700mm 左右。承重结构主要分为两类：一类是石砌墙体承

图 3-10　墙筋（壤塘县修卡村）

重。在茂县、汶川县一带仍可见一些建筑空间跨度 6m 左右，木梁直接搁置在石墙上的做法，结构所用木梁较为粗壮，能支撑起二层活动空间及屋顶。另一类是墙柱共同承重，建筑空间更大（开间或进深可达 10m 左右）的石木结构民居中，形成石墙与木柱共同承重的结构体系（图 3-11），木柱支撑木梁，梁上搁置檩条，檩条上面铺设楼板，以此通过石墙和木柱将荷载传到地基（图 3-12）。

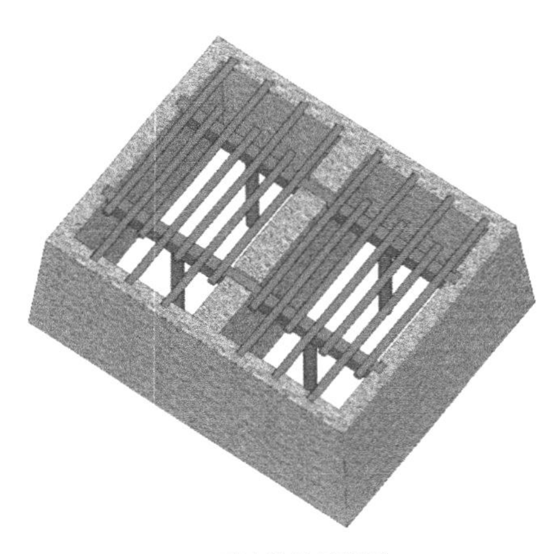

石木结构示意图

黑水县石木结构民居

图 3-11　木梁、木柱、石墙关系

3.2.4　构造要素特征

1. 窗

无论是藏族还是羌族传统石木结构民居，窗是建筑立面构成中极其重要的组成部分，通常由窗楣、窗框、窗套、窗扇等部分组成，承担采光、通风的功能，战乱时期还起着防御作用。为了防风和保暖，窗洞尺度通常较小。受功能、结构及传统习俗的影响，有的为单扇，有的为双扇，有的可以开合，有的仅为采光。尽管形式多样、繁简不一，但构造形式却遵循着藏式窗户形制规范。窗楣是窗户必不可少的部分，最顶层为木条或条石做的横

康定市穿斗式结构藏族住宅梁架结构

康定市穿斗式结构藏族住宅

图 3-12　墙柱分离体系

梁，传统石木结构民居梁下是几层逐级出挑的木椽，一般形制为三椽三盖，讲究的居民会在窗楣设香布遮阳或装饰。窗框形态有多种，如“田”字形、“日”字形、多方格形等（图 3-13）。普通民居窗框造型与色彩简单朴素，也有一些民居窗框施以雕刻和彩绘装饰。最能体现装饰艺术的是窗扇，有的是简洁大方的几何图形组合，有的是木雕、镂花或彩绘等，整个窗体置于窗套之中（郝晓宇，2013）。

为适应川西北高寒地区寒冷多风的气候条件，石砌外墙上会开有一个较小的窗洞，外小内大，剖面呈喇叭状的斗窗（图 3-14），既能减少冷风渗透，在采光的同时还能减少室内热量散失，在旧时这种窗洞还有便于防御、瞭望、射击的功能。整体来看，民居窗户不像王府、寺庙建筑窗户那般复杂与考究，形式比较简洁，没有过多的雕琢彩绘，用色上相对朴素，但遵循着基本的构造手法。

2. 门

从构造形式看，川西北高寒地区传统石木结构民居的大门主要包括门槛、门扇、门框和门楣等部分，一般民居只有一个出入口，单扇居多，通常以石木原色为主，没有过多的装饰，但门楣、过梁、门框是必不可少的。大部分双扇门的装饰较为讲究，大门主要造型处理手法有涂饰色彩、挂装织物、雕刻处理等，并大多施以朱红色（郝贺宇，2013）（图 3-15）。

3. 雨搭

雨搭是最能体现藏族和羌族门窗特点的细部构造，位置在外墙的门窗上。为了防止门窗等部件被雨水冲刷，通常将长条片石插入门窗上的缝隙，在灌木丛生地区，会选用树枝或干草作为雨搭，有些地区还会在树枝中间混入牛毛、片石构成，雨搭上还会放置一些白石，以保平安（图 3-16）。

4. 楼梯

楼梯是竖向空间的重要交通构件，以往住宅内部垂直交通主要为木楼梯，其坡度一般较陡。早期的楼梯形制简单粗糙，只在单一原木上凿出踏面即可，方便拆卸或移动，为了确保坚固，有的会在踏面周围加箍筋，但上下楼还是不够安全与便捷，现在很多民居已经把独木梯改建为带扶手的台阶式楼梯，有完整的梯帮、踏板和扶手，一般坡度在 70°左右，坡度更陡的扶手用短木固定在梯帮上。为了便于攀爬，独木梯端头及木楼梯扶手端头都会伸出楼面，以方便下楼（图 3-17）。

“田”字形牛角窗

“田”字形牛角窗

“日”字形牛角窗

“日”字形牛角窗

多方格形牛角窗

多方格形牛角窗

图 3-13　民居窗形态

斗窗内部

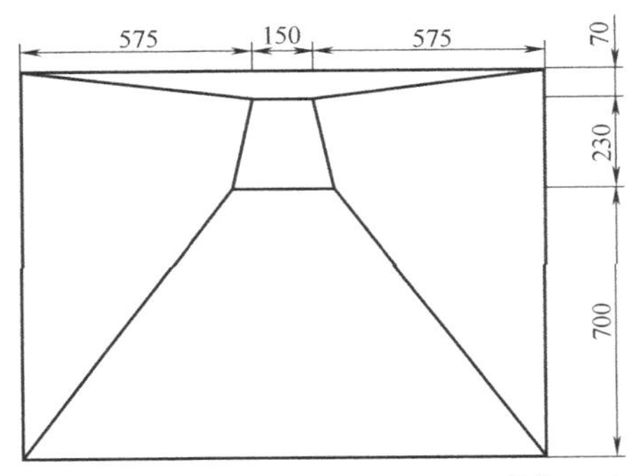

斗窗尺寸　(单位:mm)

图 3-14　斗窗

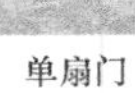

单扇门

双扇门

图 3-15　民居大门

图 3-16　雨搭

图 3-17　楼梯

5. 屋顶

屋顶一般采用藏式平屋顶，有些也为坡屋顶，或局部平屋顶，屋顶平坝也称晒坝，具有晾晒谷物的作用。民居的屋顶晒台分为两种：有女儿墙的晒台和没有女儿墙的晒台。有女儿墙的晒台往往在檐口处理上保持和墙面垂直，即屋顶没有挑檐，晒台表面形成一定的坡度使雨水向斜坡低处流去，排水坡的最低处设置落水口，通过落水管排至地面；没有女儿墙的晒台，做与有女儿墙的晒台相同的排水坡，雨水通过散排形式排至地面，在岷江河谷地带较为常见（梁茵，2018）。

石木结构民居屋盖常采用密梁木楼板，次梁架在主梁上错列布置。主梁和次梁均为圆木，主梁的截面直径一般在150mm以上，次梁的截面直径一般不小于100mm。为加强梁与柱的连接，柱头上会增加一块垫木，有时再增加一对斜撑以增强稳定性。无论是藏族还是羌族的石木结构民居中，通常有露天的晒坝，为了防水，平屋顶和晒坝的一般做法是在最下方的梁架层上平铺一层柴火或篱笆堵缝，然后再往上铺一层树枝加强韧性，再往上用超过50mm的泥土加水拍实，风干固化后形成传统的防水屋面（图3-18）。此做法技术水平不高，耐久性不好，容易渗漏，如今在此基础上加设沥青、防水卷材、防水砂浆等做法，甚至有改平屋顶为机制瓦坡屋顶的做法。

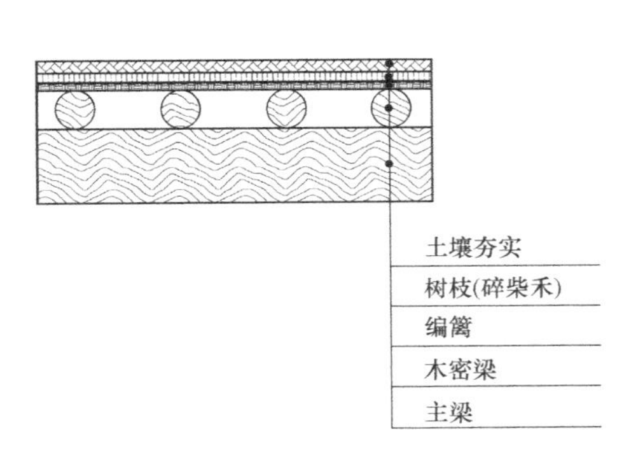

(a)

(b)

图3-18 屋顶楼面做法

（a）楼面做法示意图；（b）屋面做法实例

3.2.5 装饰要素特征

川西北高寒地区石木民居主要为藏族和羌族民居，由于其文化、生产及生活方式的不同，反映在民居建筑装饰方面也不相同。

藏族石木结构民居装饰主要体现于墙面、门窗、檐部和室内。外墙主体大多为石材原色，因面积较大，整体建筑都体现出质朴沉稳的建筑特色，也有些会在外墙面用白色绘制日月、山峰、云朵等图案表达对自然的敬畏，也有绘制祈求平安的万字纹、宝瓶、法螺、吉祥结等传统艺术图案。门窗虽然尺寸不大，但丰富的构件、绚烂的色彩及精美的工艺，使其成为建筑立面最具装饰艺术的要素，在门窗框或窗扇等部位经常可以看到几何图案、卷草或雕刻的经文符号以及莲花的雕刻或彩画。经堂与主室的柱体、家具及四壁往往是内装饰的重点部位。有时为彩绘，有时也用木雕或镂空木雕花饰，再施重彩，总体体现出艳丽、浑厚的视觉感（图 3-19）。

图 3-19 藏族石木结构建筑装饰

羌族人在建筑装饰上常运用自然中的图案纹样和民族图腾，植物纹样、兽纹、锅庄舞图案等内容常运用在外墙上，主要表达吉祥幸福的愿望。在建筑装饰中，羌族人在屋顶上和门窗挑檐上供奉白石，或者在墙面上用白石做拼花图案，使之成为整个建筑重要的组成部分。

在汉族、藏族、羌族各民族杂居地区的民居建筑装饰还呈现出相互影响、相互吸收的融汇之处。如康定市、九龙县藏族石木结构民居还受到汉族和彝族建筑装饰风格的影响，具有中式、彝族特色的图案（图 3-20）。总体来讲，装饰风格与手法受地域环境、生产生活及民族文化的影响较大，其中受宗教文化影响较大。

图 3-20 羌族石木结构建筑装饰

3.3 土木结构民居特征

在川西北高寒地区，土木结构民居的建材一般选用生土、木材、稻草、石材等天然材料。其建造方式以夯土法为主，即使用夯土工具打夯生土，提升局部土质的密实程度和牢固程度，以达到整体坚实的目的。夯土法是我国 7000 年生土建筑历史长河中运用最广泛的建造方法之一，通过这种方法建造的房屋也称之为夯土建筑。除外墙体的砌筑材料、方法不同外，许多细部构造、大样做法以及体型要素特征、形态要素特征等与石木结构民居基本相同，故本节不再阐述。川西北高寒地区的土木结构民居多见于汶川县的萝卜寨、布瓦寨等地传统羌族民居，以及阿坝县安多地区的传统藏族民居，此类民居以经夯实的生土墙为建筑外部围护结构，结合木材和石材搭建房屋。民居通常下大上小、外观质朴敦厚，通常为三层。羌族民居底层为储藏和饲养牲畜之用，二层主要用作居室，涵盖主室、卧室等生活空间，三层为罩楼和晒台；藏族民居一般会在二、三层设置经堂。

3.3.1 结构要素特征

1. 结构构件

（1）外墙体

川西北高寒地区土木民居外墙做法通常是把筛选的黄土与水按一定比例充分振捣，同时加入秸秆等纤维材料拉结，部分地区建筑会加入碎石以提升建筑的结构性能。土墙墙体薄于石砌墙，墙体外侧做收分处理，有利于降低外墙体重心从而更加稳固。夯土墙一般是在干旱少雨地区使用，部分土木民居会在墙基和转角的位置用石材砌筑以此来增加建筑的稳定性（图 3-21）。同时还可以防止雨水滴溅，为保护墙体，通常在墙体顶部使用碎石铺设，抑或压放柴禾（图 3-22）。使用夯土砌筑的外墙体还具有良好的防潮性，调节室内湿度，起到防止木制隔墙、家具霉变的良好作用。

图 3-21 墙基

图 3-22 墙身顶部

（2）梁柱

土木民居内部梁柱以及楼板等承重结构均为木材，与石木结构相似。房屋的中心部位也有中心柱的存在，即处于主室平面正中的柱。中心柱自羌族游牧民居时期的帐幕演变而来，有着悠久的历史，是羌族文化的传承，因此中心柱是川西北高寒地区羌族土木结构建筑中不可或缺且同时具有标志性的建筑部件。

2. 结构材料

黄土是川西北高寒地区土木民居建筑中非常重要的建筑材料。黏土颗粒是黄土的主要胶结材料，其含量不同，胶结程度不同，对黄土的物理力学性质影响不同（王力等，2018）。随着黏粒含量的增多，黄土的胶结作用及物理力学性质都有着明显的差异。川西北高寒地区黄土中黏土矿物主要为伊利石、绿泥石、高岭石等，均属于硅铝酸盐，晶体结构为层片状，层与层之间靠 Si-O 及 Al-O 间的氢键或范德华力相连接。笔者采用 XRD 对川西北高寒地区不同地点的 2 件生黄土样品进行经分选处理，并就不同黏土矿物学特征进行衍射测试和分析（图 3-23）。分析结构表明，杂谷脑河流域黄土以粗粉砂颗粒为主，黄土中黏土矿物含量最多为伊利石，占黏土矿物的 55%以上，充分表明该区域黄土有较强的黏性。黄土与水调和为泥浆时，层间会吸附和填充大量的水，在黏土矿物分子的作用下，水分子被解离成 H^+ 正离子和 OH^- 负离子，分别吸附到黏土的晶体平面与端面，形成了“水化黏土”，进而使得黄土具有流变性、动电性及絮凝性等胶体性质，使原有黄土更具黏性。从以上分析可以看出，在石砌民居中，黄土不仅发挥了黏合剂的效应，还有效填补了石材间的透风空隙，增加了墙体的密闭性。

黑水县黄土采样现场

ADVANCE XRD衍射仪

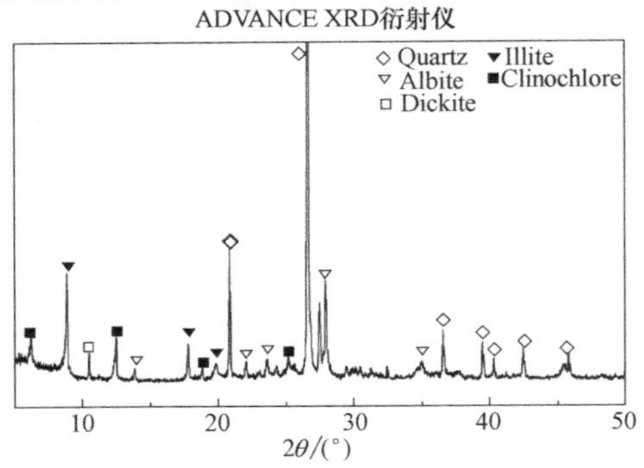

黑水县晴朗乡仁恩堂村(左)、八字村(右)黄土XRD图谱

图 3-23 测试分析图

（测试单位：成都理工大学国家级地质学教学实验中心）

3. 结构特点

川西北高寒地区传统土木结构民居采用墙体承重与梁柱承重的结构形式。建筑外墙体由夯土墙或土坯墙构成，墙体外侧由下至上进行收分，目的在于提高建筑的稳定性。但由于墙体夯筑耗时偏长，墙体的整体性不足，导致建筑外墙开裂，不利于提升建筑承载力和抗震性能。建筑内部大多为木梁柱承重结构，同时建筑楼板的最底层也是木构件承重。一些民居还将木框架作为主要承重结构，外部的夯土墙体只起到围护和匡扶木构架的作用，这样两种结构分离的做法，使得建筑整体受力划分更加明确（图 3-24）。

图 3-24 萝卜寨村旧寨子遗址

3.3.2 构造要素特征

川西北高寒地区土木结构建筑的原始屋顶为“阿嘎土”平屋顶，“阿嘎土”在藏语中意为白色的土，是藏式建筑的常用建材。屋盖底部为木结构屋顶，顶层覆盖 150～200mm 厚“阿嘎土”以遮风挡雨，延长木材使用年限。由于降雨会对屋顶造成破坏，“阿嘎土”屋顶需要在每年雨期来临之前进行修缮加固，耗材耗力。部分土木结构建筑的顶层功能用房与晒坝结合，形成退台。随着居民生活习惯的改变以及交通和经济的发展，土木结构建筑平屋顶正逐渐演变为坡屋顶，屋盖选材多为机制瓦，大多直接加盖在原平屋顶上（图 3-25）。

机制瓦坡屋顶

“阿嘎土”平屋顶与退台

图 3-25　屋顶实例

3.3.3 装饰要素特征

夯土民居的文化特点与石木结构民居十分相似，都是藏族和羌族当地居民本地建材修筑。相比石木民居，无论是汶川县的布瓦寨、萝卜寨等地的传统羌族土木民居还是阿坝县安多地区等地的传统藏式土木民居，外墙面装饰更少，其原因可能是装饰、绘画图案更难附着在夯土外表面。但其内部装饰基本相似，例如中心柱、室内彩绘等。

3.4 木结构民居特征

川西北高寒地区木结构民居按照地域主要分为两类，一类是以若尔盖县、九寨沟县、松潘县、汶川县等地为主的藏羌穿斗式民居，与汉式的穿斗式民居构造基本相似；另一类是以道孚县、炉霍县、甘孜县等地为主的崩科式（半圆木累叠起来的井干式建筑）民居，材料大多为原木。两种结构形式经过不断演变发展，最终形成适应当地自然条件且拥有独特建筑符号的传统民居。本部分主要针对崩科式民居进行阐述。

3.4.1 体型要素特征

1. 板屋

川西北高寒地区历史时期的板屋（阪屋）是指以木板作为围护墙体或者以木板作为屋

顶覆盖物代替瓦的功能的木板房。屋面通常为坡屋顶，只是以木板代替瓦片，越接近汉族地区，汉式的建筑符号越明显。

从外观造型上看，川西北藏羌板屋与汉式穿斗式民居外形基本类似，但也有所差异，具体体现在屋顶、围护墙体和细部装饰三个部分。

汉式穿斗式木结构民居的屋顶大多采用小青瓦铺设，而川西北高寒地区木板房大多用薄木板堆叠，再用木条和石块压紧，或直接用质量更重的片麻岩片堆叠，以免被风吹落，屋顶采用歇山式或悬山式，除部分老旧的传统民居住宅外，很多瓦面现已被小青瓦、机制瓦、铁皮瓦所替换。在围护墙体上，汉式民居基本使用木板隔墙，而川西北高寒地区民居有的在木框架结构搭设好以后，采用石砌墙体进行填充。在临近汉族居住区的羌族板屋，还会采用吊脚的形式适应复杂的自然环境，平面呈曲尺形，木板外墙，外部设有走廊，体态轻盈，汉式屋顶；在靠近藏族居住地的羌族板屋，底层用石材砌筑外墙，二、三层用木板砌筑外墙（图 3-26），平面多呈矩形，厕所挑台，受藏式石木民居影响较大（熊梅，2015）。

泸定县穿斗式民居

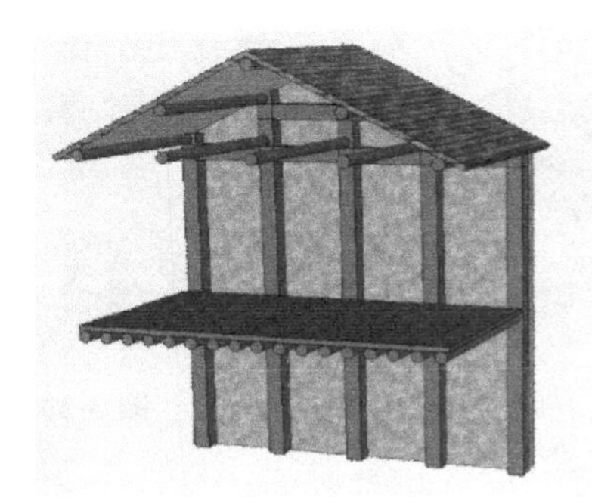

泸定县穿斗结构示意图

炉霍县虾拉沱村木结构民居

壤塘县三角形桁架屋顶

图 3-26　木结构实例

2. 崩科房

从板屋的定义来讲，崩科房也属于板屋的一种，但由于其彰显出浓厚的文化符号以及优良的特性，故单独进行叙述。从外观造型上来看，川西北高寒地区的崩科（井干式的藏区木结构民居）建筑体量大，形体方正，正立面高宽比介于 1：3～1：4，属于横向型构图。木墙涂成红色，是崩科民居最重要的视觉特征。传统的崩科屋顶是青石片瓦双坡顶，随着时代的发展，许多地区也加盖成汉式红色机制瓦歇山顶。“崩科”一般为 1～3 层不等，部分民居二楼不设传统阳台，远看就是一栋完全的围合体，四四方方。不同于藏式石砌民居，木结构民居两个面的结合部都是垂直的90°，没有收分。民居装饰大多集中在门窗上，通常窗框和窗扇上绘制各种彩绘，与石木结构民居或夯土结构民居相比，线条更柔和，更贴近自然（杨嘉铭，2017）。

在道孚县、炉霍县等地（图3-27），崩科式藏族民居或集中或分散，从平坝向着低缓的山坡上蔓延，或分布在平缓的山谷河流两侧，在蓝天苍穹远山的辉映下，仿佛幻化成妙不可言的积木和图案，给人一种天上人间的感觉。

炉霍县寿灵寺

道孚县朱倭村民居

图3-27　崩科房

3.4.2　形态要素特征

崩科式建筑平面布局上，通常把四根柱子围合起来的空间成为“空”，以“几空”来计算房屋的面积，长方形的平面布局能够增加屋内采光面积。除此之外，崩科式建筑中各部分房间的使用功能在平面上的分布也不断发生着变化。民居底层过去用来圈养牲畜和储藏物资，二层用于生活起居和诵经，后来随着生活条件的改善，牲畜的饲养间从房屋中分离出来搁置到院落的一角，而后一层改成住人房间兼顾储藏间，二层仍然用作起居、会客空间，但是其中会在核心位置隔出一间房作为经堂，也有的人家将经堂放在三层，民居顶层为晒台或储藏间，其功能主从分明，面积大小有别（刘伟等，2019）。

3.4.3　结构要素特征

川西北高寒地区木结构民居按照受力特点，大体分为三类，即框架结构、井干式结构、穿斗式结构。三类木结构建筑相互影响又各自发展，又延伸出多种结构体系。框架—井干式混合结构为川西北高寒地区崩科房常见类型。木结构民居各类结构构件的用材均不相同，具体取决于当地的植被类型。

1. 结构构件

（1）柱

崩科式建筑立柱直径常为300mm以上。在规模体量较大的崩科式建筑中，常采用内外两套柱网体系，内部柱网、柱径相对于外部柱径更小。为优化建筑形式，提高建筑抗震性能和整体性，建筑边柱还常采用双柱、三柱的形式。同时选取柱径为0.6m或者更大的粗壮圆木做通柱，柱基巨大，以往的崩科式建筑室内柱子也有采用叠柱式的。藏羌板屋的柱与石木结构民居中的柱差异不大，此处不再赘述。

（2）梁、枋

崩科式建筑梁、枋没有明显界定，常采用叠加木穿枋的方式串联在木柱上，各梁、枋之间通过竖向构件穿插连接，以增强其抗压性。位于楼梯、卧室门的梁、枋通常雕刻成月梁的样式，具有良好的装饰性（图 3-28）。川西北高寒地区板屋的梁、枋构造与汉式房屋基本类似，此处不再赘述。

双柱　三柱　梁枋　装饰性月梁

图 3-28　木结构民居结构构件

（3）墙体

崩科式建筑具有良好的抗震性能，很大一部分原因在于其墙体的构造形式。崩科式建筑墙通常将原木一剖为二，在半圆木两端上下做凹槽，角处呈十字形咬合，光滑的一面朝向室内，保留树皮的外表面朝外，形成凹凸的外墙面，既可防水又有很强的装饰性。然后依次将组件层层叠加，有些外墙体过长，还需通过竖向榫件将其穿插形成独特的井干式木墙体。外墙体的端头常施以白色，墙身施以红色，便形成藏族独有的崩科式外墙体（图 3-29）。

目前，崩科墙的普遍做法是，在两个崩科间加一根断面大于墙厚的立柱，起到承重作用。具体做法是将立柱两端开榫，与崩科墙的圈梁体系连成一个整体，并沿柱身开槽来嵌固崩科墙的端部，形成墙身立柱的做法。半圆木上下之间还会做一些连接榫，以保证其整体性（图 3-30）。同时底层大多有一面至两面的夯土墙作为外围护结构，二层以上全部采用井干式木墙，墙身开窗为较大的方形窗，使光线更好地投射进来。一层为夯土墙或井干式木墙，建筑整体上轻下重、上虚下实，显得稳重又厚实。八美地区的一些崩科式建筑二层木墙退让形成檐廊，更丰富了虚实对比的层次。

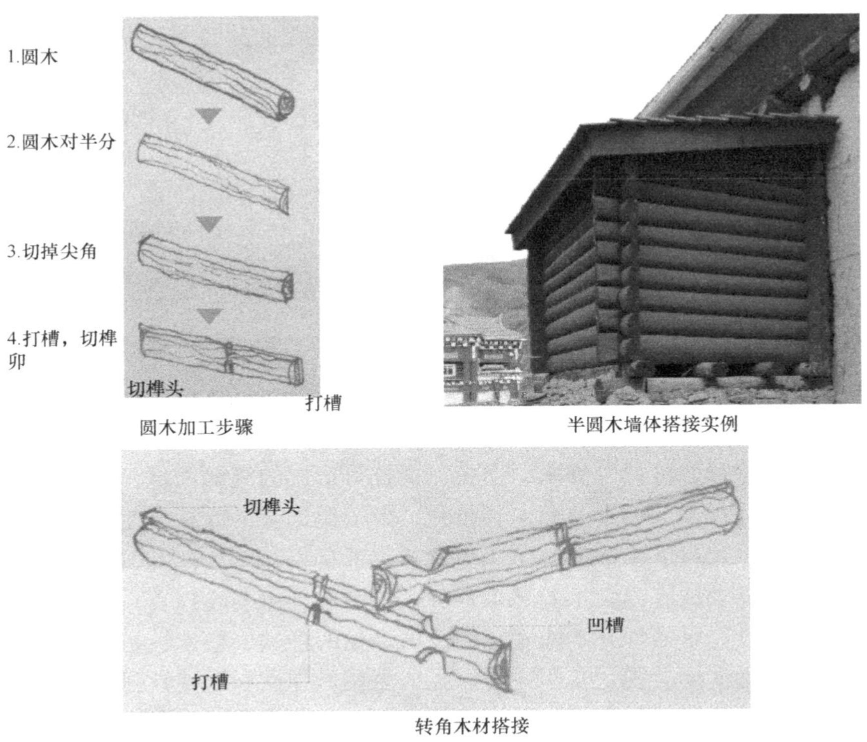

圆木加工步骤　　半圆木墙体搭接实例

转角木材搭接

图 3-29　墙身构造

墙身立柱　　榫接

图 3-30　连接方式

（4）搁栅

崩科式木结构民居与其他木结构及石木、土木结构民居不同，许多新建的崩科式建筑室内的搁栅用材都是较为粗大的圆木，装饰性强的民居家中还用红漆上色，这些粗壮圆木排列紧密，与架设在立柱上的主梁、枋榫卯相接，共同承担屋顶楼面传来的荷载（图 3-31）。

2. 结构材料

川西北高寒地区内四大河流域的山腰部分，分布着丰富的林海，森林面积为四川省全省森林总面积的 30%（叶启，1989）。广阔的森林给该区域提供了大量的建材资源，是木

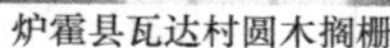

炉霍县瓦达村圆木搁栅

装饰性搁栅

图 3-31　搁栅

结构民居大量盛行的基础。在该地区，除了常见的果树、灌木等作为木材外，还有大面积由松、柏、云杉、铁杉、冷杉、桦木、白杨、青杠等形成的森林木材，在道孚县、炉霍县等地区分布着大量的杉木、松木及柏木等树种。因资源丰富、取材方便、施工简单、抗震与保温性强等优点，木材成为该区域民居建筑的首选材料。

杉木是川西北高寒地区最常见的林木种类，该类树种树干纹理直，材质较轻，富含香脂，耐腐蚀和抗虫蛀，是当地井干式木结构民居常见的种类。松木也是常用的木材，它具有良好的质感，纹理清晰美观，实用性强，经久耐用，弹性和透气性强，导热性能好，保养维护简单等。柏木因其抗风力强、散发质朴的木香、纹理细腻、材质坚硬等优点，也成为当地居民经常选择的木材类型。木材常用于建筑主要承重构件。在森林资源相对贫乏的地区，如康定市、丹巴县等县市域，木材主要应用在建筑楼板、楼面、窗户、门、板壁等建筑细部。

3. 结构特点

木框架结构是以木柱、木梁为承重体系，采用石块、鹅卵石和泥土砌筑底层的围护结构，二层墙体用剖开的圆木嵌于木柱中，共同组成以崩科墙、块石墙作为围护构件的框架结构，常见于藏族民居（刘伟，2018）。梁柱连接处的做法：在柱头上依次放置“欠子”（类似圈梁）、“拐扒子”（枋），再往上放大梁，并插有木暗栓。在立柱间，以半圆木两端制嵌榫，互相嵌叠围合形成方形井字崩科墙，转角处放置三根大柱，崩科墙伸出部分夹在两柱间，称为崩科“耳朵”。

井干式结构是靠圆木自下而上重叠成墙体、与木梁形成空间受力，形成承重体系。由于此类民居建筑仅依靠半圆木墙作为承重结构，故其民居体量也较小，分布也少，常用作民居顶部单独房间或民居外沿的附属用房。

藏族板屋大多集中在若尔盖、九寨沟、松潘等地，民居多为三层，木框架梁、柱，房屋地基上立柱，柱头上搁置横梁，梁上架设密檩条，填土拍实或者施以木板形成楼面。梁柱以榫卯的形式连接，但有的节点连接处较为随意，不使用连接构件，而是直接搁置。屋架做法类似于汉式穿斗式结构，但非挂瓦而是直接在坡上重复叠加多层薄木板，最后施以石板压实（熊梅，2015）。

羌族板屋大多集中在川西北高寒地区的汶川南部、松潘南部等地。板屋整体结构类似于汉式穿斗式结构，地基之上立木，再用穿枋把柱子串联起来，每柱落地，檩条直接落在柱头上，穿枋只起到联系作用，水平与垂直构件都相互穿插，共同受力形成一个整体。由于生产生活需要，有的在底层用石墙代替木板墙，便于喂养牲畜（熊梅，2015）。

3.4.4 构造要素特征

1. 门窗

崩科式建筑除整体外观区别于藏族其他民居不带收分外，许多细部构件，由于材料的限制，门框、窗框部位装饰相对较少（图 3-32），与石木、土木民居特有的的门（窗）框周围的牛角图案不同。门窗由门（窗）框、门（窗）扇两部分组成，窗（门）扇花式多样，窗花种类尤其丰富，且大多为汉式花格窗，色彩丰富。随着现代技术的融入，许多传统窗框已经被塑钢窗所替代，入户门为铁门，其上雕刻着一些汉式龙、螺狮衔环等装饰式样。

窗

门

图 3-32 门窗现状

2. 楼面

楼面做法是在檩条上每隔约 20cm 铺劈材（5～10cm 直径的树枝对破成块）或粗树枝，劈材上密铺细树枝或木板，然后铺设厚约 2cm 的草泥浆面层，再铺打约 15～20cm 厚粗土（一楼楼面较薄，二楼楼面较厚），粗土上铺 2cm 厚的细沙土（砂质黏土），将细沙土拍实后，在楼面上安装 5cm 左右的木龙骨，龙骨上铺设楼面板（文彦博等，2016）。

3. 屋顶

传统崩科式民居大多为平顶，屋顶在泥土层上盖一层片石。因每年都需重新做防水维护，新建的民居开始在平屋顶上加盖汉式“人”字形屋顶（大多为歇山顶），屋顶结构单独架立在楼面上。其做法是在楼面上设置短柱，形成若干三脚架，其上支撑檩条，檩条上依次放置椽子、挂瓦条、铺以瓦片（图 3-33、图 3-34）。这种藏汉结合、冬暖夏凉且有利于排水的屋顶形式在部分地区逐渐成为农牧民房顶设计首选，集中反映了藏汉文化的交融共生（文彦博等，2016）。板屋的屋顶构造与汉式穿斗式结构基本类似。

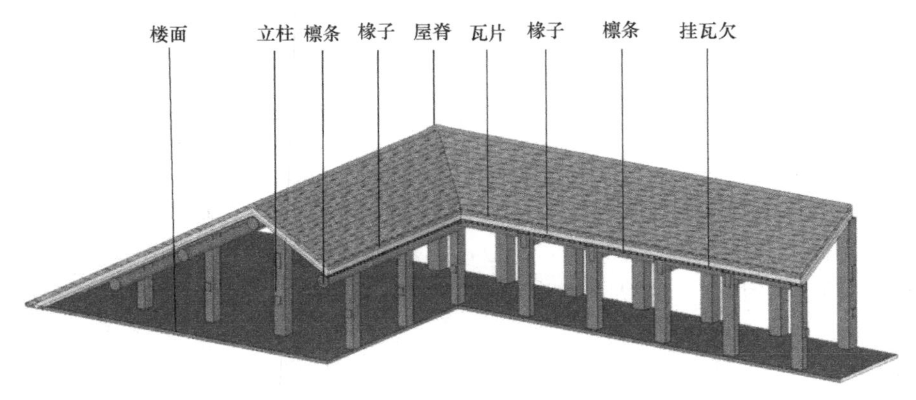

图 3-33　炉霍民居屋顶构造详图

图 3-34　炉霍县朱倭村屋顶外观

3.4.5　装饰要素特征

建筑装饰可以反映风土建筑谱系的工艺传承和交互影响，装饰要素的探索有助于传承地方文化和民居营建技艺（常青，2016）。崩科式民居房屋外立面上白色椽头突出，均匀排列，结合"关板"黑白交叉形成独特形制，远看白点在红墙的映衬下连成一串。藏族称此装饰物为"董称"，系藏语译音直译为"螺串珠"，意为"白色的串珠"，具有吉祥的意义，并由此产生内在的文化联系。檐口下方，枋、大梁木与立柱接口端同样伸出，修出优美的弧度，成为屋檐下独特的装饰品，如图 3-35 所示。

不同地区的崩科民居也略有差异，如道孚县城外的民居大多呈平顶，屋顶四角有白色"勒色"；而炉霍县大多为歇山屋顶，用橙色机制瓦覆盖。道孚县、炉霍县崩科房色彩装饰也有差别，炉霍县民居立面色彩以红色为主，黑、白、橘色交错其中，各色彩间既对比强烈又相互协调，是体现其建筑文化最主要的视觉要素之一。以鲜明热烈的暖色为主色调的视觉构图，反映了千百年来高原民族对于宗教信仰和恶劣环境的文化选择，表现了其充满浪漫主义色彩的民族特性（文彦博等，2016）。道孚县民居外观色彩以淡黄、红色、白色为主基调，内部运用了绘画、雕刻、和彩塑等装饰手法，在家庭条件好的藏族居民家中，其客厅、经堂显得格外富丽堂皇。

“董称”

屋檐下装饰品

炉霍县民居

道孚县民居

图 3-35　装饰文化

第4章

川西北高寒地区传统民居采暖能耗影响因素分析

明确传统民居采暖能耗影响因素是降低能耗、保证室内热环境、节能减排的关键，本章基于川西北高寒地区传统民居的现状特征，从地域特征（包括自然环境、地质环境、人口特征、历史文化、空间格局等）、民居特征（包括材料特征、体型特征、结构特征、构造特征、装饰装修等）等多角度分析建筑采暖能耗影响因素，为降低川西北高寒地区传统民居采暖能耗相关理论研究和提升改造实践提供依据。

4.1　传统民居采暖能耗影响因素概述

影响传统民居采暖能耗的因素主要来源于民居的得热、失热和需热三个方面。冬季民居获得热量的途径一般包括采暖设备供热（约占 70%～75%）、阳光辐射得热（约占 15%～20%）、建筑物内部得热（包括炊事、照明、家电、人体散热，约占 8%～12%）。民居热量散失途径主要通过建筑围护结构，民居的总失热包括围护结构的传热耗热量（约占 70%～80%）以及通过门窗缝隙的空气渗透的耗热量（约占 20%～30%）。从民居得热和失热的方式出发，充分考虑民居材料选择、构造设计以及外部环境等多方面因素，可有效做到大幅度降低建筑能耗。综上所述，传统民居采暖能耗的主要影响因素可概括为以下四点：

（1）自然环境因素：民居的自然环境主要指影响室内热环境的气候条件，包括太阳辐射、空气温度、空气湿度、风速、海拔等。民居所处自然环境温度越低，采暖能耗越高，而温度受太阳辐射、湿度、风速以及海拔等因素的综合影响。例如天津地区四季分明，夏热冬冷，因而建筑采暖多集中在冬季；而川西北高寒地区常年干旱少雨，昼夜温差大，年平均气温低于 10℃。单独考虑温度影响情况下，川西北高寒地区采暖期长于天津地区，因而采暖能耗也偏大。

（2）社会环境因素：随着社会的进步和人们生活水平的提高，民居使用功能随着居民的生活需求在逐步改变，使用者对室内舒适度的要求也在提高，因而对室内温度调控的更高要求直接影响了建筑能耗。同时居民生活方式、节能意识、主动改造意识、经济状况，以及传统民居的常住人口数、家庭成员年龄结构等因素也在影响着传统民居的采暖能耗。例如川西北高寒地区的羌族碉楼曾经是集防御、牲畜饲养、储物、居住为一体的建筑，现在或作为文物供游客参观，或经改造后作为民居的一部分，或单纯用作仓储空间。而因居住、参观和仓储等功能的不同，对温度需求也不同，千年古碉使用功能的转变正是由居民生活方式改变而来。

（3）空间格局因素：建筑的空间布局，包括相邻建筑间距以及建筑布局方式等是影响建筑日照与通风的重要因素。《民用建筑设计统一标准》GB 50352—2019 中明确规定，建筑布局应根据地域气候特征，防止和抵御寒冷、暑热、疾风、暴雨、积雪和沙尘等灾害侵袭，并应利用自然气流组织好通风，防止不良小气候产生。适宜的建筑间距可以保证民居通过日照得热并减少因空气对流导致的失热。传统民居修建早期在气候适应方面缺少现代化设备介入，因而通过空间格局及其他因素考虑来适应当地气候，例如岭南庭院就是通过调整空间布局适应气候特征的典型传统民居建筑，其前疏后密式布局通过前部开阔的庭院以及窄小的巷道天井改善建筑通风环境，结合后部密集的布局，建筑间相互遮挡，减小太阳辐射热的吸收，以此适应其湿热的气候。

（4）建筑本体因素：影响建筑能耗的内在因素以建筑围护结构的保温性能和门窗的气密性为主，其次是选址、朝向、室内平面布局、窗墙比、体型系数、设备选用等。由于通过建筑围护结构散失的能量以及供暖制冷系统的能耗在整个建筑能耗中占较大比例，因此建筑节能途径主要集中在提高建筑围护结构的保温隔热性能，充分利用外部环境因素扬长避短，降低室内向室外的能量损耗，并提高建筑舒适性和建筑设备系统的能源利用效率等。围护结构可分为透明围护结构和不透明围护结构，透明围护结构主要指玻璃门窗、玻璃幕墙和玻璃砖墙，不透明围护结构则包含屋顶、地坪层、外墙、隔墙、楼板。除去上述因素，建筑物上容易形成冷桥的构造节点也是影响采暖能耗的因素。

4.2 传统民居采暖能耗影响因素分析

以下将从自然环境、社会环境、空间格局、建筑本体四个方面，针对川西北高寒地区传统民居的现状特征，对其当前的采暖能耗影响因素进行多角度分析。

4.2.1 传统民居自然环境影响因素

影响传统民居采暖能耗的自然环境主要包括空气温度、相对湿度、太阳辐射以及对流四种因素，这四种因素受纬度、海拔、地形地貌等影响的同时，相互之间也有一定联系，并且与建筑选址、建筑布局、建筑朝向及开窗面积等因素共同作用，影响着建筑的采暖能耗。

1. 空气温度

空气温度是室内温度最直接的影响因素。川西北高寒地区属大陆性高原季风气候，具有昼夜温差大的特征，并且长期属于寒冷或严寒状态，春秋较短，年均气温为 0.9℃，最冷月平均气温−10.3℃，最热月平均气温 10.9℃。同时川西北高寒地区南北纬度跨度较大，气候随着纬度自南向北增加，气温逐渐降低。可见川西北高寒地区整体采暖期较长，且越往北方，采暖需求越大。空气温度在随纬度变化的同时，也随海拔的升高而降低。由于川西北高寒地区海拔高度差较大，从位于川西北高寒地区东部的汶川县城（海拔高度 1325m）到西北部的石渠县城（海拔高度 4178m），高度差可达近 2900m。整体呈现西北高、东南低的趋势，因而居住环境的温度差异也随海拔高度变化而发生改变，自西北向东南逐渐升高，进而可知西北片区的采暖需求大于东南片区。

2. 相对湿度

相对湿度是指单位体积内空气的水汽含量，空气中水汽含量越高，相对湿度越大。由于水的比热容为4.2J/(kg·℃)，空气的比热容为1.005J/(kg·℃)，这代表单位质量的水升高（或下降）单位温度所吸收（或放出）的热量比空气高出3倍有余。因此在同样温度条件下，提高较潮湿的室内环境所需能量高于较干燥的室内环境。民居所处自然环境的相对湿度随着海拔的升高而降低，由于西北片区的海拔高于东南片区，因而在相同的采暖能耗下，西北片区的温度升高幅度大于东南片区。另外，在同一纬度带，对比河谷、半山、山顶三个高度的相对湿度，由于河谷地带近水源，其相对湿度较高于位于同一地区的半山腰与山顶，加之海拔相对较低，因而河谷地带的民居采暖能效低于半山腰与山顶，导致能耗升高。

3. 太阳辐射

太阳辐射是指太阳以电磁波的形式向外传递能量，这种能量被称为太阳辐射能，是气候资源中的热能之源。在能量传递过程中，大气环境对太阳辐射有削减影响，建筑表面最终接收到的太阳辐射为建筑的太阳辐射获得量。建筑的太阳辐射获得量受纬度与海拔高度影响，纬度与海拔高度越高，建筑的太阳辐射获得量越多。该能量也受天气影响，天气晴朗时，云层薄，太阳辐射被削减得少，建筑的太阳辐射获得量越多；反之越少。

太阳可以透过窗口，直接向建筑内部传递能量，提升室内温度，也可以照射到建筑表面，通过建筑围护结构传热，提升室温。因此，民居围护结构的主要构件如墙体、屋顶、窗户等是影响建筑通过太阳得热的关键。民居的向阳面开窗尺寸和围护结构的传热系数越大，太阳直接传递到室内的能量越多，室内升温越快；民居朝向范围内受到太阳照射越多，获得的太阳辐射热越多。

寒冷的气候属于川西北高寒地区的劣势，但该地区拥有较长的日照时间与丰富的太阳辐射资源，川西北高寒地区年均日照时长2158.7h，太阳辐射年总量为6194MJ/m^2，对比全国各地区属于较高水平。根据四川省考虑地形遮蔽太阳总辐射量（MJ/m^2）分布光栅图分析，总体来看川西北高寒地区太阳辐射年总量高于5550MJ/m^2，甘孜藏族自治州理塘县和稻城县等地的太阳资源尤为丰富，太阳辐射年总量较低区域主要分布于该地区东部，为甘孜藏族自治州泸定县和阿坝藏族羌族自治州汶川县等地。因而川西北高寒地区多地的传统民居均可借助丰富的太阳辐射资源优势，提升室温，以达到降低能源消耗和碳排放量的目的。

4. 对流

建筑室内与室外形成温差将导致对流产生，对流分为自然对流与强迫对流。自然对流是指当建筑表面与室外空气产生温差时，自然发生的对流换热；强迫对流是指在风的影响下，建筑表面的温度与室外空气产生热传导。对流对室温的影响包括室外空气直接与室内空气进行热量交换，以及建筑表面与室外空气对流换热，通过降低建筑外围护结构的温度间接导致室内温度降低。因而建筑外部环境的风速越小，建筑室内以及建筑表面流失的热量就越小，更有利于降低采暖能耗。例如炉霍县宜木乡虾拉沱村的居民通过在木结构民居迎风面外多加一层石墙的方式（图4-1），提升了建筑迎风面的保温性能，减少因建筑表面与室外空气产生对流换热对室温的影响，同时弥补了木结构外墙气密性差的缺点，防止冷风渗透造成热量损失。另外，建筑的风环境应根据建筑所处自然环境灵活变化，过大的风速风压会带走过多的热量，导致采暖能耗上升；过小的风速风压会使不利于人体健康的空气难以排出，影响居民的身体健康。由于川西北高寒地区常年寒冷，民居的供暖需求较大，因此，需尽量减少室内通风，并通过加大建筑间距或错动的建筑布局减小室外的风速风压，避免狭管效应产生（图 4-2）。

图 4-1　虾拉沱村传统民居在迎风面搭建石墙抵御季风

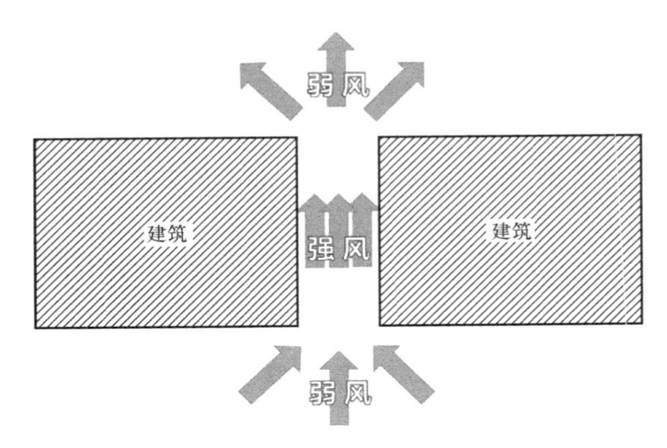

图 4-2　狭管效应

4.2.2　传统民居社会环境影响因素

居民的生活方式随着社会的发展而改变，进而影响民居的使用功能，由于对不同功能空间有不同的供暖需求，因而传统民居的采暖能耗也随着居民生活方式在变化。川西北高寒地区传统民居有着千百年的历史，但居民的生活方式与千百年前截然不同，例如在当今国泰民安的社会环境下，川西北高寒地区的碉楼已失去其防御的意义，进而转变为储物间或鉴定为文物保存下来，居民也逐渐从碉楼中搬出来，重建更适应现代生活方式的民居。布瓦寨就有居民将原本 10m 有余的碉楼改造为约两层楼高的仓储空间，并结合改造后的碉楼搭建了新的夯土民居，这正是居民生活水平提高以及精神文明需求的体现（图 4-3、图 4-4）。由于不再需要防御，该地区新一代传统民居的射击口被淘汰，窗洞尺寸不再考虑安全因素，并且牲畜也不必与居民同在一个建筑内。民居的体型系数、室内空间布局与窗户等都与以前不同。而体型系数的增加、室内空间的不合理布局、窗洞尺寸的扩大、窗户的密封性降低以及材料热工性能差等因素都有提高建筑采暖能耗的风险，在本书 4.2.4 小节建筑本体影响因素中有建筑体型系数、窗、室内空间布局等对民居采暖能耗影响的具体分析。

居民的经济水平间接影响着采暖能耗。李玲燕等（2021）通过对西安市 1401 户家庭进行访谈数据情景模拟分析，研究老旧住宅分散式采暖能耗影响因素及其作用机理，发现在众多影响因素中，对老旧住宅分散式采暖能耗影响最大的因素为成人最高学历，其次为户型、60 岁以上人员数量。其中最高学历正向影响着家庭收入，收入高对采暖能耗的要求一般也会增加，其采暖行为增大了住宅采暖能耗，因此间接负向影响其节能意识；户型决定了采暖房间的数量，进而决定了采暖能耗；家中 60 岁以上老人越多，采暖需求越大，采暖能耗越高。但由于老人受经济收入限制，因而其影响力在众多影响采暖能耗因素中排

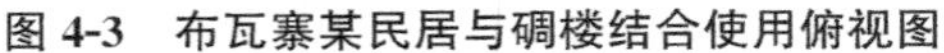

图 4-3　布瓦寨某民居与碉楼结合使用俯视图

图 4-4　布瓦寨 3 号碉楼

名第三。类比老旧住宅中 60 岁以上老人的情况，川西北高寒地区的经济状况落后于四川省其他地区，虽然该地区采暖需求较大，但由于经济状况限制，居民通过减少采暖能耗的支出降低家庭总开支，因此过去大多选择木材、牛粪等作为能源。随着我国脱贫攻坚取得全面胜利，川西北高寒地区的民生得到极大的改善，居民的经济状况持续好转，这也意味着居民有了更好的采暖支出承担能力，为追求舒适度而增加采暖时长和采暖能耗的趋势更加明显，甚至部分居民有了扩建或新建住宅的能力，通过对川西北高寒地区居民的调查发现，他们对住宅的主要改造意愿包括扩大民居面积、提升室内装修品质等，而采暖空间增大将导致采暖能耗增加。

4.2.3　传统民居空间格局影响因素

传统民居空间格局通过影响民居的日照和通风条件间接影响其采暖能耗。首先是布局对建筑日照的影响，当太阳照射到民居时，民居可通过阳光透过窗户照射房间的方式直接得热，也可以通过外围护结构蓄热的方式得热。张洁等（2010）运用 eQuest 建筑能耗分析软件，对上海地区建筑群的间距与建筑日射得热的关系进行研究，发现随着间距系数的增大（间距系数是指遮挡阳光的建筑与被遮挡阳光的建筑的间距为遮挡阳光的建筑高度的倍数），建筑各个朝向逐月日射得热增大，当间距系数超过 2 时，可忽略遮挡对日射得热的影响。其次是通风效果受建筑空间布局的影响，不同的建筑布局会再形成不同的风环境。运用 Fluent 软件模拟分析行列式与错列式模型对建筑风环境的影响差异，行列式布局有更强的建筑巷道风。可见错列的布局形式可以减少因风导致的建筑热量损失。

川西北高寒地区的聚落中，建筑群体规模由土地资源综合承载力等因素决定，少至三五家，多达上百家。传统民居的空间布局没有相关规划，民居依随地势自由布置，彼此错落，有紧密的布局，也有松散的布局。例如阿坝藏族羌族自治州马尔康市西索村的建筑布局紧密，各住宅之间的间距偏小，因而易增大巷道内风速，形成狭管效应，导致建筑失热量增加，且建筑相互遮挡，导致建筑日照得热量降低（图 4-5、图 4-6）。

图 4-5　西索村建筑间距较小，日射得热效果受影响

图 4-6　西索村民居间狭小的巷道易形成狭管效应

相较于西索村的高密度建筑布局，阿坝藏族羌族自治州壤塘县宗科乡加斯满村的民居布置相对松散，建筑群体依山而建，建筑间距开阔且错落布置，因而建筑间受相邻建筑遮挡较小，同时建筑布局自由，不会形成过强的巷道风，可以兼得良好的日照条件和舒适的通风效果（图 4-7）。

图 4-7　壤塘县宗科乡加斯满村错落有致的民居

4.2.4　传统民居建筑本体影响因素

1. 选址因素

自然环境对传统民居的影响因素主要包括太阳辐射、温度、湿度、风速等气候条件，而选址从根本上决定了传统民居所处的自然环境。川西北高寒地区冬季温度偏低，综合考虑各地带的气候条件，选择一个适宜的环境修建民居将为降低建筑能耗创造有利条件。

由于川西北高寒地区地形复杂，山高谷深沟狭，民居的环境特征多样，可大致分为河谷、半山腰、高半山三种选址类型，见图 4-8～图 4-10。河谷型位于河流两岸经河水冲击形成的河漫滩，或洪积扇、冲积扇等地势相对平坦的区域，住宅大多沿等高线水平方向进行空间布局，因而民居的采光以及通风效果受建筑间距影响较为明显。若建筑间距偏小，民居的光照和通风将受相邻建筑遮挡，导致室内长期处于阴暗且相对潮湿的状态，从而增加居民的采暖需求。同时，由于河谷地带最接近水源，河谷型选址的民居所处环境相对潮湿，提高潮湿的室内温度所需能耗大于干燥环境所需能耗，因此防潮措施是河谷型选址民居降低采暖能耗需考虑的因素。河谷为三种选址类型中空间最狭长的地带，受狭管效应影响风速较大，因此建筑朝向宜避免主导风向，或在民居迎风面采取防风措施，减少室内外空气对流，以降低建筑热能损失。

图 4-8　河谷型选址-甘孜藏族自治州理塘县君坝乡俄何村

图 4-9　半山腰型选址-甘孜藏族自治州康定市麦崩乡日央村

图 4-10　高半山型选址-阿坝藏族羌族自治州汶川县威州镇萝卜寨村

高半山型民居位于山顶或近山顶的缓坡台地，与选址于半山腰和河谷的民居在气候上有较大差异。高半山海拔高度相比河谷与半山更高，高半山型的劣势在于，空气温度偏低，供暖需求相对其他两种选址类型的民居更大。高半山型的优势可归纳为以下三点，一是高半山地带的太阳能资源最丰富，可以通过加大南向开窗、增设阳光房等方式充分利用太阳热辐射提升室内温度。二是由于地形限制，高半山地带民居的布局大多错落有致，相互间存在一定高差，可以避免相邻建筑的遮挡，建筑得以充分吸收太阳辐射热，减少采暖能耗。三是高半山气候更干燥，提升相同温度的情况下，所需能耗低于河谷地带。

半山腰型选址的民居坐落于河谷与高半山之间开阔地带的缓坡台地，是较为常见的一种选址类型。海拔高度是对气候影响较大的因素之一，而半山腰型的海拔高度位于高半山型和河谷型之间，因而其气候条件，如空气温度、相对湿度等大多属于中等水平；同时半山腰的交通条件相对更好，所以是民居选址的良好区域。

三种类型选址的坡地由于太阳光入射角度不同，不同坡向的辐射到达量存在差异，一般阳坡的辐射量大于阴坡。以川西北高寒地区传统民居负阴抱阳的选址原则来看，坐落于山的阳面可充分利用该地区的太阳资源，增加民居的太阳辐射得热量，提高采光效果。但并非川西北高寒地区所有传统民居均坐落于山的阳面，位于阴坡的民居的日照时长明显短于阳坡。如黑水县晴朗乡二牛奶村（图 4-11），日出之后可以在村庄内看见对面阳坡强烈的阳光，但直至 10：25 村庄仍然笼罩在山体的阴影下，由于缺少太阳辐射热，空气温度很低，居住环境热舒适性不佳。

2. 朝向因素

建筑朝向同样影响着民居的得失热，良好的建筑朝向将使民居在获得太阳辐射热和因风导致热量流失之间取得相对理想的效果，为民居选择一个良好的气候条件，并且能充分

图 4-11　位于阴坡导致笼罩在阴影下的二牛奶村的民居
（摄于 2021 年 1 月 18 日 10：25）

利用日照和风等因素，降低民居所处自然环境对其室内温度的影响。建筑朝向需要考虑两个因素：其一是良好的朝向可以使建筑在寒冷的冬季充分利用太阳辐射热提高室温；其二是避免建筑朝向因冬季主导风向而带走温度。我国民居自古有坐北朝南、负阴抱阳的朝向习惯，选择坐北朝南的方位原因在于对阳光的接纳，这是由于我国绝大部分地区都位于北半球，一年四季的阳光都自南方来；负阴抱阳则是出于局地气候的趋利避害，阴阳即指背阳与向阳。

川西北高寒地区传统民居的朝向有面对东方日出之地或“对包不对山”的习俗，“包”是指低浅的山峦。这样的房屋朝向习俗可有效保证建筑的日照时长，特别是地处半山与高半山的民居，可充分利用其日照资源充足的优势，通过合理的建筑空间布局，考虑扩大窗洞尺寸以及提高玻璃透光程度等多方面进行调控，提高建筑的太阳能得热量，从而减少居民日常主动采暖。“背山面水”是中国古代建筑朝向原则，也是川西北高寒地区传统民居的朝向原则，背靠高地有利于排水并借助山体抵挡冬季寒冷的季风，减少热量流失。“对包不对山”与“背山面水”相结合，使得民居“背”有山体挡风，“面”有阳光照射，营造了相对良好的气候条件。

3. 建筑室内平面布局

建筑室内平面布局同样影响着民居的采暖能耗，这与空间的使用功能和人在空间内停留时长密切相关。由于不同朝向的风向和建筑所受光照程度不同，冬季能保证建筑南侧最大限度地受到阳光照射，因而通常将主要生活空间如卧室、客厅等设置在南向，其余辅助空间如楼梯间、卫生间等设置在北向。

以川西北高寒地区羌族传统民居的平面布局为例进行分析，该地区羌族传统民居可分为三种平面模式：方锥式、院落式、退台式，其中退台式平面最为常见。总体平面布局自由，单体形态受地形影响，形态不规整，庭院狭窄，空间紧凑。三种平面布局模式都有以火塘为中心的空间特点。火塘又称“火塘神”，以木或石框镶为四方形，上置铁、铜三脚架，架上安锅圈，圈上放锅。火塘上承载的是羌族人对神的崇拜，同时也是羌族人做饭、取暖的重要设施。火塘所处空间承载着会客、用餐等功能，相当于现代住宅中的客厅和餐厅。传统羌族民居以火塘为中心布置卧室、厨房等其他功能空间。采暖期间，热量由火塘逐渐向其他空间传递，因而火塘空间的温度最高，其他空间的室温随火塘温度的升高而上升。由于夜间休息时段，卧室的使用时间较长，且由于睡眠期间，人的活动减少，产生的热量下降，因而对供暖需求较大。羌族传统民居的卧室与火塘间多采用木隔墙，墙体较薄，隔热性能一般，有利于热量传递。围绕火塘布置居室，依靠火塘取暖的主动采暖方式可与建筑朝向相结合。从民居的室内平面布局以及供暖方式分析，卧室采暖能效较弱。结合上文经济水平与采暖能耗呈正相关的结论，羌族居民在经济能力提升至可承担更高采暖开支后，有单独为卧室设置采暖设备的可能。因而提高卧室的被动采暖能力是降低羌族传统民居采暖能耗的途径之一，可通过将主要供暖空间布置在受太阳辐射最强的一侧，并适当加大开窗面积，降低遮光效果的方式，提高民居的被动采暖能力，减少因主动采暖产生的建筑能耗。

藏族传统民居是川西北高寒地区的另一种常见传统民居，该地区藏族传统民居的碉房式住宅为多层，层数大多为 2～5 层，可分为底部、中部、顶部三部分。底部主要是关牲口的空间，为过冬的牲畜提供御寒场所的同时，也是厨房和杂物堆放空间。中部为居民的主要活动空间，分为主室、储藏室等，主室兼具会客、睡觉、餐厅等多项功能于一体，主室又分为冬室和夏室两种。冬室为冬季长期使用的空间，常位于住宅的二层，内设火塘进行供暖，冬室窗户尺寸较小，可以起到减少室内热量损失的作用；夏室为夏季消暑的空间，楼层高于冬室，窗户尺寸比冬室大，可提升室内通风效果，提高人体舒适度。也有空间划分更明确的民居，室内空间包括居住空间（卧室、客厅）、服务空间（厨房、卫生间、储藏室）、公共空间和过渡空间、礼佛空间（经堂），布局形式由居民的生活习惯决定；顶部空间兼有晒台，也有作煨桑用①。新建或改造后的藏族民居多为人畜分离的形式，即把底层关拦牲口的空间与居民主要活动空间分离开，移至院落内。实现人畜分离后，碉房入口处改为冬室，是民居的主要供暖空间，图 4-12、图 4-13 为有冬室、夏室之分的藏族传统民居的室内空间布局图。相比于羌族传统民居，藏式民居将多项功能合并至冬室，通过集中采暖的方式提高了居住空间的供暖能效，但私密性较差。

图 4-12　藏族传统民居马尔康俄尔雅寨格资补住宅的透视图和室内平面布局图，源自《四川藏族住宅》修改（一）

① 煨桑是用松柏枝焚起的霭霭烟雾，是藏族祭天地诸神的仪式。

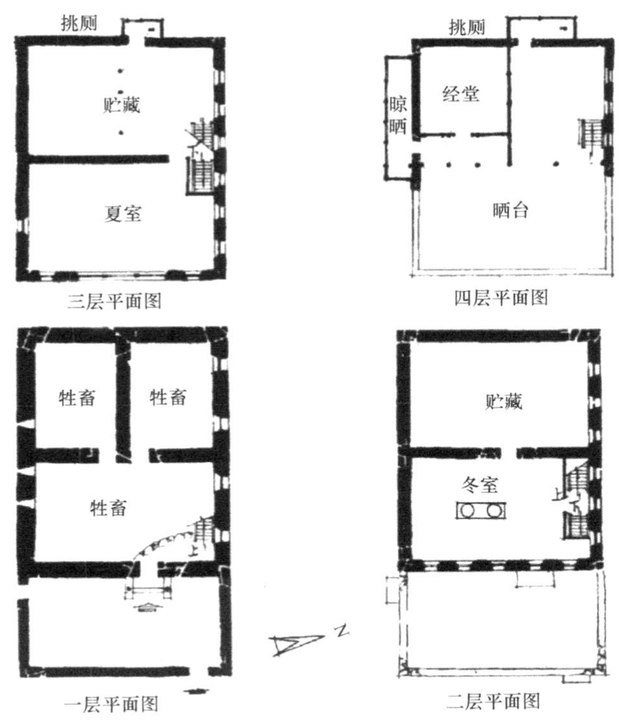

住宅的底层为关拦牲畜的空间；中间层为居民的主要活动空间，包括二层的冬室和贮藏室、三层的夏室、贮藏室和挑厕；顶层为经堂空间，经堂与晒台相结合形成退台的布局形式，并有一个挑厕。

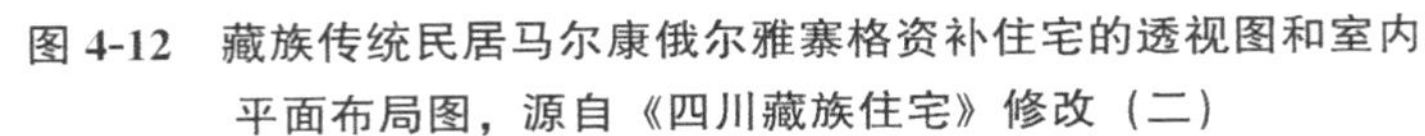
图 4-12　藏族传统民居马尔康俄尔雅寨格资补住宅的透视图和室内平面布局图，源自《四川藏族住宅》修改（二）

图 4-13　藏族传统民居黑水县石伯面哥寨写屋谢吉塔住宅透视图和平面布局图，源自《四川藏族住宅》修改（一）

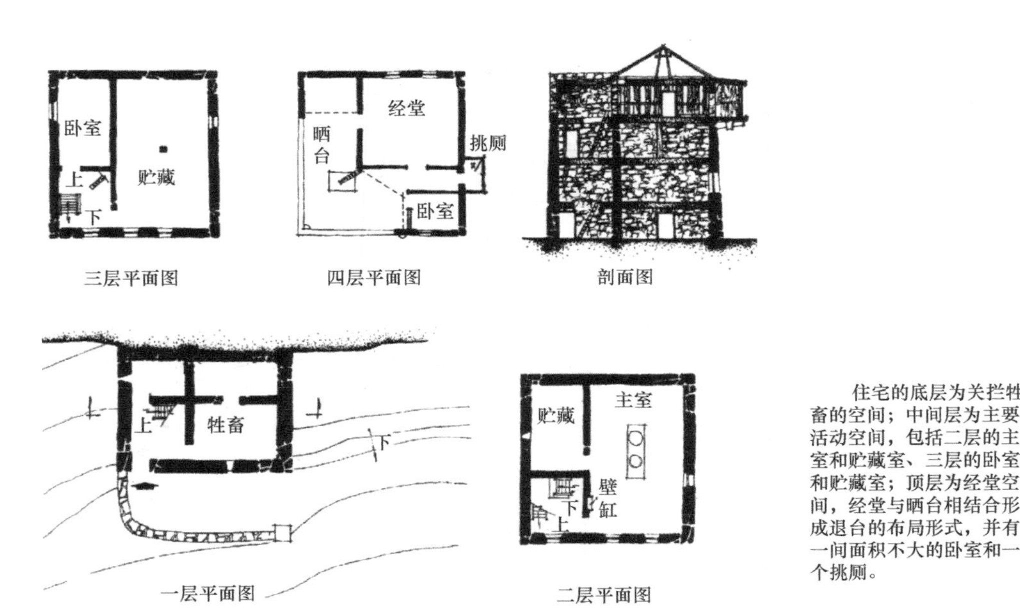

图 4-13　藏族传统民居黑水县石伯面哥寨写屋谢吉塔住宅透视图和平面布局图，源自《四川藏族住宅》修改（二）

4. 结构因素

建筑的结构类型与建筑材料的选择密切联系，不同建材的热工性能影响着建筑热量的得失。川西北高寒地区传统民居多为墙柱结合的承重模式，外墙是主要承重结构中与室外接触面积最大的构件，因此是影响建筑采暖能耗的关键因素。川西北高寒地区常见的传统民居按主要承重构件的材料可分为石木结构、土木结构、木结构三种类型（图 4-14～图 4-16）。

图 4-14　土木结构传统民居

图 4-15　木结构传统民居

图 4-16　石木结构传统民居

由于材料的不同，川西北高寒地区墙体厚度也存在一定差异，但大多石砌墙体、夯土墙体的厚度都在 800mm 以上，一般情况下可以使室内外温差维持在 6℃以上。但是由于墙面不平整、有缝隙，很容易产生冷桥使热量散失，导致建筑快速失温。研究区不同材质、不同厚度墙体的热阻情况见图 4-17。

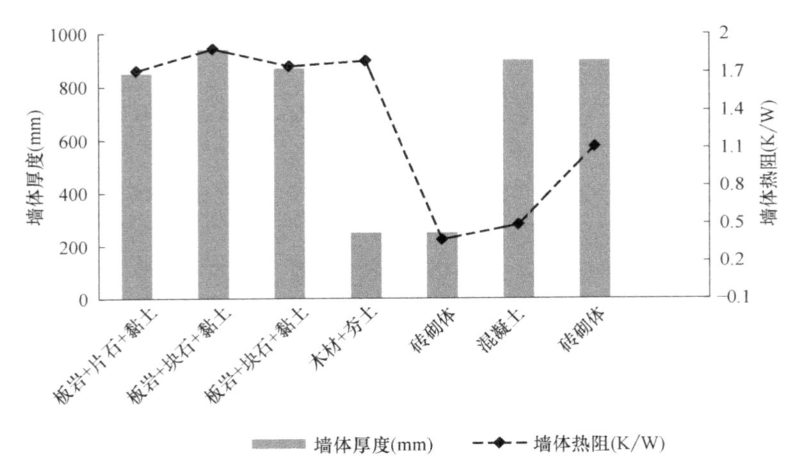

图 4-17　研究区不同材质、不同厚度墙体的热阻情况

（1）石木结构传统民居

石木结构传统民居大多为墙与梁柱混合的承重方式，即石砌墙结合木框架作为民居的主要承重结构。石砌外墙具有良好的热惰性，数据显示石材比热容为 1700kJ(kg·℃)，相对于干土、木材等，石材比热容数值较大，是当地较为理想的蓄热材料。同时，从对研究区部分石木结构民居建筑墙体热阻测试结果来看（图 4-17），石材＋黏土墙体的热阻效果总体较好，均在 1.700K/W 以上。张涛（2013）将 450mm 厚石墙与 240mm 厚多孔砖墙的热工性能进行对比试验。试验得出，石墙的热阻值略低于多孔砌体，导致石墙的保温性能不及多孔砖墙。但 450mm 厚石墙的热惰性高于 240mm 厚多孔砖砌体，450mm 厚石墙的热惰性指标为 3.992，240mm 厚多孔砖砌体热惰性指标为 3.678，可见石墙抵抗室外温度波动的能力更强，能延迟室内温度峰值的出现时间。川西北高寒地区传统民居的石墙较厚，日间太阳照射墙体充分储存热量，夜间墙体逐渐释放热量，与室外温度相比，室内温度可保持在较为稳定的状态，可以起到减少建筑采暖能耗的作用，配合黏土粘结石块并封堵缝隙，能减少空气对流，增强建筑气密性。受材料限制，过大的窗口将降低房屋的力学性能，因而石木结构传统民居的窗户尺寸通常较小，同时小尺寸的窗口可以较大程度地避免寒风带走室内热量，从降低采暖能耗的角度分析是有利的。

（2）土木结构传统民居

土木结构传统民居大多为墙与梁柱结合的承重方式，即夯土墙结合木框架作为住宅的主要承重结构。得益于夯土墙体的良好热工性能，土木结构的传统民居整体保温性能较好。从对研究区部分土木结构民居建筑墙体热阻测试结果来看（图 4-17），厚度 300mm 以内墙体的热阻高达 1.786K/W，土木结构墙体的热阻效果最好。张涛将 450mm 厚夯土墙、350mm 厚土坯墙与 240mm 厚多孔砖墙和 240mm 厚实心砖墙的热工性能进行对比试验。试验结果显示夯土墙在保温隔热性能、热稳定性以及抵抗温度波动能力方面都有较好的表现。夯土墙的热工性能优势使民居达到比常见普通砖墙更优的节能效果，尽管川西北高寒地区的昼夜温差大，夯土墙也能同石砌墙一样日间吸收热量，夜间释放热量，延迟室内温度峰值，从而降低建筑采暖能耗。夯土良好的抗温度波动能力使其成为理想的建材，能有效降低民居的采暖能耗，但由于夯土的力学性能较弱，以夯土墙为承重外墙的民居开窗尺寸同样偏小，虽不利于室内采光和通风效果，但有利于减少通过窗口的热损失，从采暖能耗的角度分析属于积极影响。

为提升土木结构民居的力学性能，多采取在夯土墙内添加细树枝、增加承重墙厚度、改变墙体结构特点等方法，如川西北高寒地区汶川县布瓦寨传统夯土民居的承重墙墙基多采用片石、墙身黄土的形式砌筑，墙体可达650mm厚，碉楼墙体甚至可达800mm厚，墙体内添加直径约10mm的小树枝加固。该村与2008年“5·12”汶川8.0级地震震中直线距离仅约50.6km，在经历地震后，大部分住宅开裂，约三分之一的房屋不能居住。与布瓦寨直线距离仅约6.7km的萝卜寨内的民居墙体厚度约450～500mm，夯土墙与木框架之间间隔较大，抗震效果弱于布瓦寨民居，民居几乎全部被摧毁（灾后遗址见图4-18、图4-19）。厚实的墙体给住宅带来良好的抗震性能的同时，也使住宅室内维持在相对稳定的温度和湿度范围，当地的全年平均气温为−3～12℃，居民表示日常生活中的主动采暖频率不高。为保证夯土民居的民族特色不被破坏，较为合理的建筑保暖性能提升方法宜采用外墙内保温系统的方案，并保持原始墙体材料不变。同时墙体施工使用的保温隔热材料的性能指标还包括厚度、导热系数、密度、抗压强度、燃烧性能。

图4-18　萝卜寨地震灾后遗址总貌

图4-19　萝卜寨地震中垮塌的夯土民居

(3) 木结构传统民居

木结构传统民居为梁柱承重的方式，多见于藏式房屋，木梁柱为主要承重构件。木材有优良的保温隔热性能，数据显示，铜、铝、铁的导热系数可达木材的1000倍、5000倍、300倍以上，因而木材在保温隔热方面有着卓越的表现。木材的导热系数受木材密度、含水率、温度等因素影响。木材的密度增大、含水率增加以及温度上升，都将导致导热系数增大。因而为提高建筑的保温性能，应选择密度小、孔隙度大、材质轻软、干燥的木材。川西北高寒地区传统民居中，木构件常用木材种类包括杉木、松木、柏木等，杉木的密度偏小且材质轻软，是符合就地取材、提高建筑保温性能的优先选择。有测试结果表明，150mm厚木结构墙体的保温能力相当于610mm厚的砖墙，与混凝土结构建筑相比，木结构建筑节能50%～70%。竹材的研究表明，木质住宅在暑夏时具有隔热性，寒冬时具有保温性，木制房屋构造和钢筋混凝土相比，其构造物的热容量、热阻抗、通气性等有很大的差异。冈部等观测了木质墙壁内温度的变化，结果表明，木制墙壁可以缓和外部气温变化所引起的室内温度变化。在夏季，木制墙壁的室内气温比绝热壁室温低 2.4℃；在冬季高 4.0℃。不同于其他两种传统民居墙体，木材便于加工拼装，与木窗框、木门框等构件契合度高，构件拼接处的缝隙也相对较小，从而降低建筑热能流失。从提升优化外墙保温性能的角度出发，通过在建筑外墙内增设保温层可进一步减少通过缝隙流失的热量，提高墙体保温隔热性能，使冬季室内保持在较为舒适的温度。

5. 构造因素

围护结构可分为透明围护结构和不透明围护结构，透明围护结构主要指玻璃门窗、玻璃幕墙和玻璃砖墙，不透明围护结构则包含屋顶、地坪层、外墙、隔墙、楼板，除去上述因素，建筑物上容易形成冷桥的构造节点也是影响节能的因素。

围护结构的传热耗热量约占建筑物总失热的 77%，其中，外墙占 32%，窗户占 31%，楼梯间隔墙占 14%，屋顶占 12%，阳台门下部占 4%，户门占 4%，地面占 3%（图 4-20）。由于不同围护构件对降低建筑采暖能耗有着不同影响，在设计建筑围护结构时需要抓住主要散热构件，如窗户外墙等。结合川西北高寒地区传统民居的几种主要构造形式，分别从外墙、内墙、屋顶、窗户以及楼板五项因素讲述其对建筑采暖能耗的影响机制。

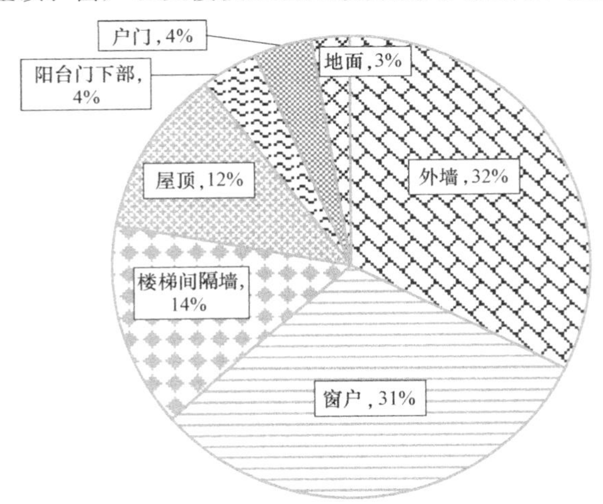

图 4-20 建筑各构件失热量在建筑围护结构总失热量中的占比

（1）墙体

外墙：建筑通过外墙散失的热量占建筑围护结构总散热量的比例最大，可见建筑外墙的结构设计和选材是控制建筑采暖能耗中至关重要的一环。为降低外墙体的热损失，通常采用在基层墙体表面或中间设置一道保温层的措施，保温层由导热系数较小的保温材料构成，形成复合墙体结构，可通过控制保温层厚度改变墙体传热系数，或者直接采用低导热系数的墙体材料，提高墙体自身保温性能。

川西北高寒地区传统民居外墙大多构造单一，仅有墙体本身而无附加保温措施。部分传统民居会对建筑墙体进行装饰处理，对墙体构造有一定改变，但对降低采暖能耗只有微弱的效果。在川西北高寒地区的石木结构和土木结构碉房内部，常见用木板作为护墙板。护墙板由木龙骨和木面板构成，对提升建筑保温性能有一定效果。川西北高寒地区的新藏式民居建筑会在室内大面积使用彩绘对墙壁进行装饰，色彩以红黄色系的暖色为主调，但彩绘所用涂料对保温作用不大，只能通过暖色系的色调给居民温暖的心理感受。部分居民会在建筑外墙外侧涂饰黄土、抹高灰、刷涂料等，或在外墙内侧涂抹水泥，但主要目的是装饰以及提高室内的整洁度。由此可见，川西北高寒地区传统民居的外墙体构造相较于现代建筑过于单一，导致民居墙体过厚，用材量大，可以通过多种保温、防潮等材料改变外墙体构造的方式，提高外墙体的保温隔热能力。

隔墙：传统民居墙体的节能不能笼统地划分为建筑外墙节能设计，内墙的隔热性能决定了各功能空间之间的热传递，有效隔绝供暖空间与非供暖空间的热传递可以保证供暖空间的高效采暖。室外大环境是难以改变的，但户内小环境的“室内外”温差是极易控制的，同时构成控温房间的六面围护结构中，小环境控制了4～5个，而大环境只控制了1～2个，因此通过内墙进行温差控制是大有可为的。如楼梯间、储物间等居民不会长时间停留的空间，通常没有采暖措施，如若此类空间隔墙选择保温隔热性能低的材料，将导致供暖空间的热量向楼梯间传递过大，造成不必要的采暖能耗。若仿照外墙的保暖形式，采用复合墙体将可能造成墙体偏厚、耗材量大、影响室内装饰装修以及钉挂等弊端，因此可以采取更换墙体材料的方法，选择保温性能良好的孔隙率较高的材料作为隔墙。相比承重墙，隔墙的强度要求相对较低，主要起分隔空间以及保温隔热、隔声等作用，因此在材料选择上，可以选择一些强度不大但保温性能良好的孔隙率较高的材料作为隔墙。川西北高寒地区传统民居的隔墙大多为木墙、石墙和土墙，其厚度与相同材料的外墙相同，所以隔墙对室内“小环境”的温度控制的能力与外墙相同，对降低建筑采暖能耗来说，传统民居的隔墙有较为良好的保温基础。

（2）屋顶

按照屋顶结构分类，川西北高寒地区传统民居的屋顶种类可分为平屋顶、坡屋顶、闷顶（其中，闷顶属于坡屋顶的一种）三种，其中平屋顶常见于土木结构和石木结构的传统民居中，房屋多为退台形式，屋顶一半为晒台，一半为经堂或结合雨篷作存储用。闷顶则常见于房屋承重系统以木材为主的“崩科”式建筑中，闷顶即屋顶与坡屋顶相似，但在坡屋面顶棚和坡屋面之间有不能进人的空间，通常用作储藏间或不使用。在房屋构造中，闷顶可以类比为中空墙体，屋顶与室内活动之间的空间为空气层，传热系数低于木材，且厚度较大，因此可以起到良好的保温效果。刘建松研究了寒冷地区建筑屋顶坡度对建筑能耗的影响，得出结论，在保温隔热性能基本相同的条件下，平屋顶、坡屋顶以及闷顶的三种形式中，闷顶的节能效果最佳，也得出屋顶材料对能耗影响大于屋顶坡度变化对能耗影响的结论。

按照材料分类，川西北高寒地区传统民居的屋顶种类可分为黏土屋顶、木屋顶等。黏土屋顶为复合结构，常见屋顶构造从下往上依次是木板、细树枝、枯草、150～200mm厚泥土，整体厚度约250mm（图4-21）。从所用材料分析，屋顶均采用传热系数偏低的材料搭建，整体保暖性能良好。出于对保护川西北高寒地区传统民居特征以及节能效率的考虑，保留传统民居屋顶的原始形态，改变屋顶材

图4-21　川西北高寒地区传统民居屋顶构造

料是此次降低建筑采暖能耗所需考虑的因素。常见屋面保温节能设计为外保温结构，保温层采用导热系数小、轻质高效、吸水率低（或不吸水）、具有一定抗压强度、可长期发挥作用且性能稳定可靠的材料。

（3）楼板

楼板与楼梯间隔墙有着类似的分隔空间功能，楼梯间隔墙划分室内水平空间，楼板划分室内竖直空间。因此，楼板也可在一定程度上阻隔供暖空间与非供暖空间之间的热传递，从降低电耗的角度出发达到节能目标。浙江大学的傅新对不同厚度保温层的楼板做了能耗对比实验并得出结论，空调电耗随楼板保温层厚度的上升而下降，楼板保温在间歇式用能模式下发挥很好的节能作用。由于楼板还担任承重角色，须考虑其强度，因此将楼板直接更换为孔隙率高或传热系数小的材料可能存在安全隐患，在楼板基层上添加保温层应是更加合理的方法。川西北高寒地区传统民居大多为木楼板，有较优良的保温性能，但也存在部分建筑楼板缝隙明显、楼板厚度偏薄的情况，保温隔热性能不足，导致供暖空间热能向非供暖空间流失，徒增建筑采暖能耗。对此，添加保温层的做法不仅可以从材料本身出发提升楼板保温性能，也可以弥补因建造工艺不够精细造成的楼板缝隙，减少空气对流，达到降低采暖能耗的效果。

（4）窗

传统窗户采用木窗框，其传热系数偏低，材料本身有较好的保温隔热性能，但传统窗户材料的总体传热性能仍然较高，是保温的薄弱环节，因而成为节能设计中需重点关注的构件。窗户失热的主要途径有三种，第一种是通过窗框与窗洞之间的缝隙引起的对流热损失；第二种是窗框形成冷桥的影响；第三种是直接通过窗户玻璃与室外空气对流换热导致的热损失。因此，为降低民居的采暖能耗，需要着重关注窗户密封性、窗框及玻璃材质、开窗面积等因素。

1）窗户玻璃

由于普通玻璃的热工性能较差，通过窗户玻璃的热损失甚至远高于外墙体的热损失。部分川西北高寒地区的传统民居舍弃窗户的通风用途，用油纸对窗户进行密封处理，仅作为建筑采光通道，保温性能良好。但目前，出于各种因素影响，民居普遍将油纸更换为单片玻璃，可见其保温性能提升潜力较大。为了抵抗川西北高寒地区的寒冷气候，传统民居的窗户尺寸往往偏小，从减少热量损失的角度来看，是较为合理的，但为了降低能耗而一味地减小窗户面积亦是不可取的。同时不同朝向的窗户也能在不同程度上影响室内温度，南向开窗有利于提高室内温度，东西北侧为建筑失热面，开窗将降低室内温度。鉴于川西北高寒地区冬季气候过于寒冷，提升室温是提高生活质量的关键因素，因而适当加大南向开窗，减小或不开东西北向窗是较为理想的窗户朝向选择。

窗户虽然是建筑热量流失的一大出口，但也是建筑吸收热辐射和采光的重要通道。“窗面遮阳”效果越弱，室内日照越多，因而吸收的热量也越多。这里的“窗面遮阳”包括玻璃材质与外遮阳，其中玻璃材质的遮阳能力通常是以玻璃的日照透过率或金属涂膜的日照反射率来决定的，而外遮阳的遮阳能力是附加于窗外的种种遮阳构造物对日照的遮蔽能力来决定的。目前，仍在使用的川西北高寒地区传统民居所选用的窗户大多为透光效果良好的玻璃材质，因此从“窗面遮阳”的角度来看，其原有的窗户在保温方面是合理的。

2）开窗面积

建筑热损失与窗户面积呈正相关，因而窗户面积越小，建筑保暖效果越好，但自然光也是居住舒适度的重要评价标准之一，所以采用合理的窗墙比也是建筑采暖能耗需要考虑的重要因素。《严寒和寒冷地区居住建筑节能设计标准》JGJ 26—2018 中对窗墙比有明确规定，窗墙面积比限值见表 4-1。

窗墙面积比限值　　表 4-1

朝向	窗墙面积比	
	严寒地区(1 区)	寒冷地区(2 区)
北	0.25	0.30
东、西	0.30	0.35
南	0.45	0.50

川西北高寒地区传统民居的窗户尺寸可以建筑类型划分，石木结构与土木结构传统民居受结构的力学性能限制，开窗面积普遍偏小，且有防御需求的传统民居（如碉楼）的开窗面积比普通传统民居小。例如川西北高寒地区传统民居常见的斗窗（图 4-22、图 4-23），其剖面如斗形，具有冬暖夏凉、遮风避雨等特点。但由于斗窗窗洞采光尺寸偏小，且传统斗窗没有封窗处理，造成室内外空气对流，损耗部分热能，因此，对采光和保暖要求不高的房间如储物室等，可保留斗窗。木结构的传统民居由于其建材易于加工且抗震性能好，开窗面积限制较小，因此窗墙比相对合理。

图 4-22　斗窗内侧采光效果很弱

3）窗的密封性

窗的密封性不好将导致室内外空气通过窗框与窗洞之间的缝隙产生对流热损失，川西北高寒地区传统民居的窗户密封方式初期为油纸封窗，具有良好的密封效果，不会产生接缝漏风的现象，但随着现代建材的广泛运用，油纸普遍被单片玻璃代替，窗户的密封性降低，窗户漏风形成冷桥，造成热量损失，提升了民居的采暖能耗，图 4-24 为布瓦寨某民居家中的窗户改为单片玻璃后，窗框密封性不足。

4）窗框材质

窗框所选材料的热工性能也影响着建筑的导热换热。川西北高寒地区的民居窗框材质

图 4-23　斗窗开窗面积占比外墙面积小

图 4-24　窗框密封性不足

大多采用木窗框，但目前出于迎合社会进步等原因，川西北高寒地区的居民大多将塑钢窗和铝塑窗作为传统木窗的替换选择，塑钢窗和铝塑窗的传热系数远高于传统木窗，这一改变使窗框的冷桥影响变大，降低室内保温效果。

6. 体型系数因素

《严寒和寒冷地区居住建筑节能设计标准》JGJ 26—2018 中，建筑的体型系数是指建筑物与室外大气接触的外表面积与其所包围的体积的比值，设计标准中第 4.1.3 规定了严寒和寒冷地区居住建筑的体型系数的限值（表 4-2），若超过限值须加强建筑围护结构的保温性能。首先体型系数对民居的能耗影响在于，通常情况下，建筑高度越高，能耗越小；其次是建筑的体型复杂程度，凹凸面过多将导致建筑外表面积相对变大，其外围结构的散热量也随之增加，因此建筑物体型系数的改变能直接影响建筑采暖能耗。为减少建筑外表面积，在民居外观方面应减少不必要的繁杂造型，以长方体为较优选择。在川西北高寒地区传统民居常见的“一”字形、“L”形、“凹”字形三种平面中，“一”字形的传统民居更符合节能的造型设计。

选取最佳建筑物体型系数时，在建筑物总体积一定的基础上，还须综合考虑建筑的长宽比、朝向和日辐射的热量以及建筑造型、平面布局和采光通风的要求。长宽比方面，在建筑总体积保持不变的基础上，不同的长宽比和朝向将对应不同的热量。一般情况下，当建筑朝向为正南时，长宽比与建筑得热量呈正相关；当偏角约为 67°时，长宽比对建筑得热量影响不大；当偏角为 90°时，长宽比与建筑得热量呈负相关。

体型系数限值　　　　**表 4-2**

气候区	建筑层数	
	≤3 层	≥4 层
严寒地区	0.55	0.30
寒冷地区	0.57	0.33

第5章

川西北高寒地区传统民居采暖能耗分析研究

从前面的分析中了解到川西北高寒地区传统民居分布范围广，并随着地形地貌的变化呈现出不同的特征，采暖能耗在不同因素影响下表现得复杂多变。为了更清楚地了解川西北高寒地区传统民居的采暖能耗现状，本章通过计算、模拟、对比等方法对石木结构、土木结构、木结构类型民居进行分析，深入了解降低川西北高寒地区传统民居采暖能耗涉及的因素，为后期提升设计提供依据。

5.1 选择分析软件

目前用于能耗模拟分析的软件种类繁多，各软件适用性各不相同，只有全面熟悉常用软件的功能与特性，才能选择合适的软件。常用的分析软件有 DeST、EnergyPlus、绿建斯维尔、Ecotect Analysis 等。

EnergyPlus 是由美国能源部和劳伦斯·伯克利国家实验室联合开发的一款建筑能耗模拟软件，EnergyPlus 根据建筑的物理组成和机械系统（暖通空调系统）计算建筑的冷热负荷，通过暖通空调系统维持室内设定温度，或通过窗户的太阳辐射得热量等方面对真实数据进行验证，并能输出非常详细的各项数据（朱颖心等，2016）。但 EnergyPlus 采用 ASCII 文本格式的输入输出方式，目前没有汉化版本，对模拟人员的专业要求极高。

DeST 是由清华大学建筑技术科学系开发的系列模拟软件，其中 DeST-h 主要用于住宅建筑热特性的影响因素分析、热特性指标计算、全年动态负荷计算、室温计算、末端设备系统经济性分析等领域。DeST 自带中文操作界面，便于学习和使用，但是功能不及 EnergyPlus 强大。

绿建斯维尔则是由深圳市斯维尔科技有限公司开发的一款节能计算软件，该软件紧扣国内绿色建筑相关标准，动态跟踪国家及地方绿色建筑标准的更新情况，全面支持建筑节能、能耗计算、日照分析、太阳能、采光分析、风环境及噪声等方面的分析。绿建斯维尔直接利用建筑设计成果、节能模型、暖通负荷模型对建筑各个构件（墙体、门窗、楼板等）的绿色性能进行模拟计算及绿色建筑指标分析。同时该软件具有界面简单，容易操作等众多优点，模拟建立的模型准确，后期处理功能强大，能自动生成分析所需要的各种数据，避免重复建模，真正实现了模型与指标计算一体化，被研究者广泛使用。

Ecotect Analysis 是由欧特克公司开发的一款节能计算软件，功能强大，能大大提升建筑设计的效率质量。有能效分析室内热效应、室内光环境、室内照度和内部温度等方面的变化以及生态环境模拟，并有许多即时性能分析功能，能对光照、日照阴影、太阳辐射、遮阳、热舒适度及可视度进行分析。该软件还与一些常用辅助设计软件（如 SketchUp、ArchiCAD、3DMAX、AutoCAD）有着很好的兼容性，同时该软件自带功能强大的建模工具，可以快速建立直观、可视的三维模型。输入各种参数，即可在该软件中完成对模型的太阳辐射、热、光学、声学、建筑投资等综合的技术分析，其计算、分析过程简单快捷，结果直观。在导入全国各地的气象数据后得到的模拟结果具有相当的可靠性，并且呈现的模拟结果大多是实时和可视化的，非常适合用于了解建筑的各项性能。

基于以上常见能耗模拟分析软件的对比分析及本次川西北高寒地区传统民居建筑采暖能耗研究的要求，本文采用绿建斯维尔、Ecotect Analysis 软件对建筑的采暖能耗现状进行模拟。

5.2 设置建模参数

基于实地调研情况，本书选取川西北高寒地区典型民居进行建模分析，具体建模参数如下：

地理位置：阿坝藏族羌族自治州；甘孜藏族自治州。

房间类型：客厅；卧室；厨房；储藏室。

计算内容：门窗；墙体；朝向；太阳辐射；建筑体型。

建筑材料：石材；木材；玻璃；机制瓦；夯土。

参照规范：《四川省居住建筑节能设计标准》DB 51/5027—2019；
《民用建筑热工设计规范》GB 50176—2016；
《严寒和寒冷地区居住建筑节能设计标准》JGJ 26—2018；
《农村居住建筑节能设计标准》GB/T 50824—2013。

5.3 石木结构传统民居采暖能耗分析

在前期甘孜藏族自治州泸定县、康定市、雅江县、理塘县、新龙县等县市及阿坝藏族羌族自治州汶川县、茂县、黑水县等县调研的基础上，最终选择黑水县晴朗乡仁恩塘村和二牛奶村内的三栋典型传统石木结构民居进行采暖能耗分析。仁恩塘村两处民居选址于山腰台地，二牛奶村一处民居选址于河谷地带，三栋建筑保持着良好的传统风貌，其结构形式、选址、朝向等方面在川西北高寒地区具有代表性。分析过程主要包括测绘、温湿度数据收集、数字模型的建立与分析等方面。

图 5-1 仁恩塘村上寨

5.3.1 民居概况

1. 晴朗乡一号宅

晴朗乡一号宅位于晴朗乡仁恩塘村上寨中心位置（图 5-1），东侧与老建筑相邻，面朝活动广场，广场下约 3m 有大片的湿地和耕地，前后无遮挡，视野开阔、光照充足。该建筑为一家六口人居住，共3层，总高约8.48m，建筑面积约278.49m²。

建筑室内一层是满足存储功能的工具间和饲草间（图5-2），二层是客厅和粮仓（图5-3），三层是厨房和两间卧室，木楼梯是联系建筑三层之间的垂直交通。厨房是该家庭的主要活动场所，为方便取暖，卧室紧挨厨房（图5-4）。建筑采用石木结构，自下往上收分，墙身主体采用石块砌筑，为了使石块砌筑更加稳定，石块间用黏土进行粘接。木质大梁搁置于山墙，为保证建筑整体结构的稳定性，中间为木柱支撑。为了满足通风和采光（战乱时期还具有防御功能），在东立面和西立面的一层和二层上开有“斗窗”（外小内大、形态如漏斗的窗洞）。为了尽量减少冬季的寒风吹入室内（图5-5、图5-6），窗洞尺寸极小。整栋建筑仅三层房间满足照度要求，一层和二层的光线明显不足。建筑内部无太多装饰，仅客厅采用石灰抹面，房间吊顶和木柱用板材装饰（图5-7、图5-8）。屋顶平台局部用两坡屋顶覆盖，内部用于存放草料，平台主要为晒坝和休闲区域（图5-9）。

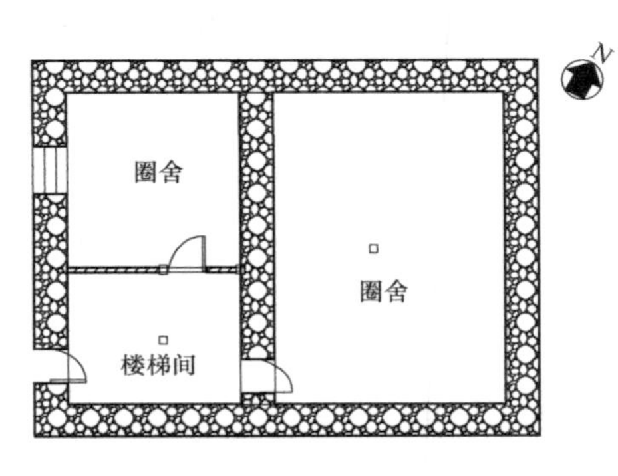

图5-2　一号宅1F

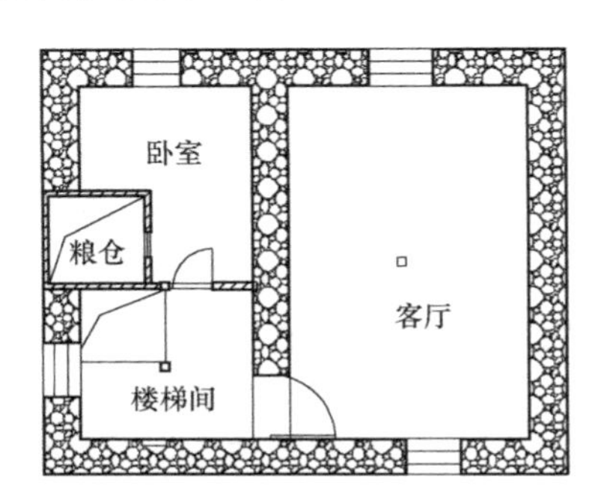

图5-3　一号宅2F

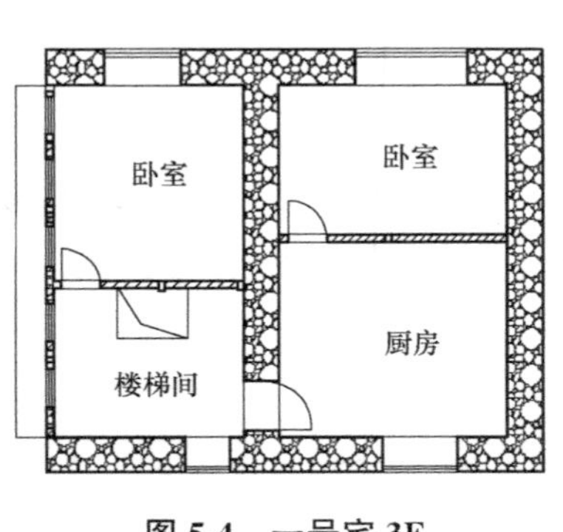

图5-4　一号宅3F

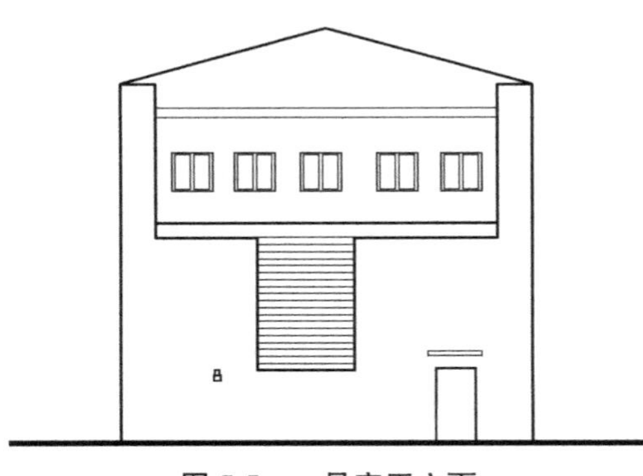

图5-5　一号宅正立面

2. 晴朗乡二号宅

晴朗乡二号宅位于仁恩塘村上寨的入口处，现有一家三代六口人共同生活，面朝东北，四周无遮挡（图5-10），建筑占地面积约162m²，建筑面积约254m²。二号宅共2层，每层层高约3m，屋顶采用坡屋顶形式，建筑总高度7.7m。建筑平面布局呈L形，一层是厨房和客厅，厨房地面与顶面为木板装饰，全家人日常的生活起居基本在厨房内围绕锅庄进行（图5-11）。客厅是尺度最大的室内空间，地坪下沉约300mm，墙体为乳胶漆饰面，顶棚采用石膏板吊顶，地面铺瓷砖，装修精致，但缺少采暖，采光不足，整体给人

图 5-6　一号宅现状外部

图 5-7　一号宅现状

图 5-8　一号宅现状室内构造

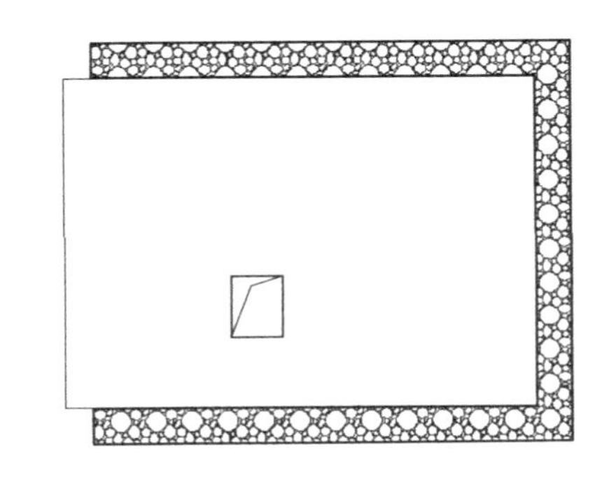

图 5-9　一号宅屋顶平台

阴冷的感觉（图 5-12）。卧室和储藏间布局在二层（图 5-13）。建筑主要墙体用石头和黏土砌成，内外均采用水泥砂浆抹灰，厚度约 750mm，二层隔墙则是 50mm 木板，石墙与木梁柱共同组成石木结构的受力体系，该民居建成年代较晚，相比于一号宅，外立面上已无“斗窗”做法，窗户尺寸相对较大（图 5-14）。

图 5-10　二号宅外部

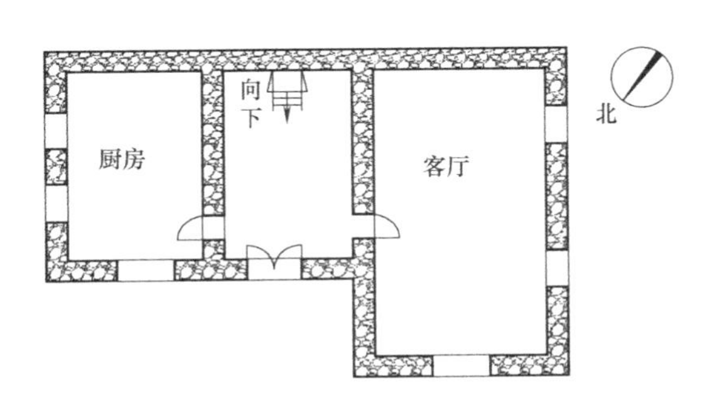

图 5-11　二号宅 1F

3. 晴朗乡三号宅

晴朗乡三号宅位于二牛奶村三组，是二牛奶村会计家的住宅，现住三口人，共 3 层，总高约 8.9m，建筑面积约 494.99m²，有前院和后院，建筑北侧临河，坐东朝西，采用院落式布局，房屋在 2008 年地震后外立面经过翻新，但内部空间及部分构造没变。

图 5-12　二号宅室内

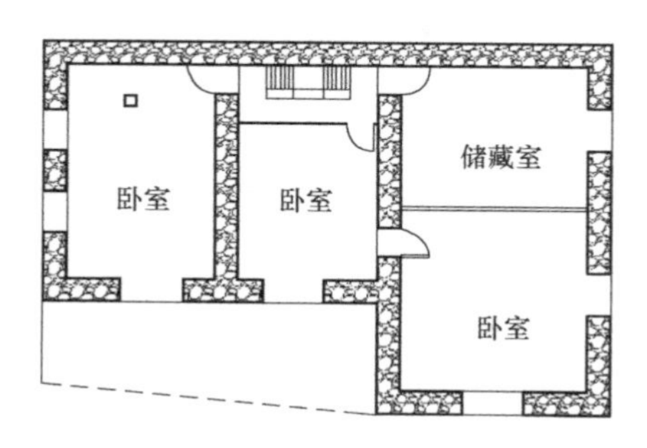

图 5-13　二号宅 2F

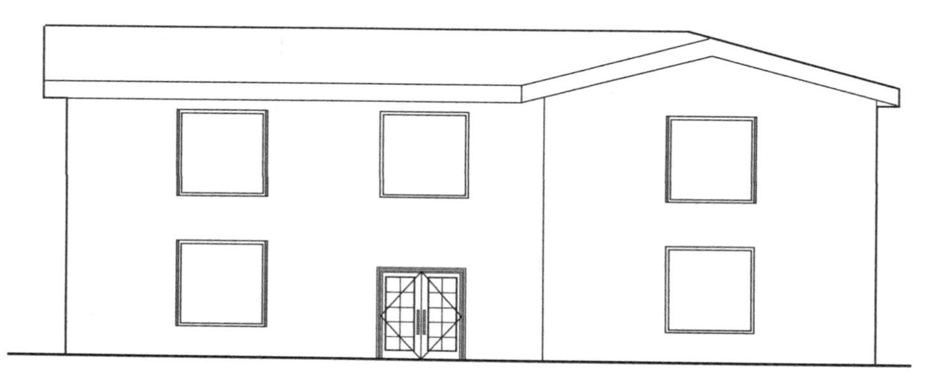

图 5-14　二号宅正立面

室内布局规整，一层是柴房和杂物间，柴房及其上部空间为后来加建，一层通向二层的楼梯由原木质楼梯改造成五级水泥踏步，其他仍是传统木质楼梯（图 5-15）。二层是厨房、粮仓和杂物间，粮仓房间内部用水泥砂浆粉刷。厨房虽有烟管，但主要还是采取自然排烟方式（图 5-16）。三层是主人家的卧室及一间用木板围成的挑厕（图 5-17）。顶层坡屋顶以下的空间用于堆放草料。建筑采用石木结构，每个房间标高均不统一，结构受力不同，层高约 2.25m，窗洞大小不一。晴朗乡三号宅见图 5-18～图 5-20。

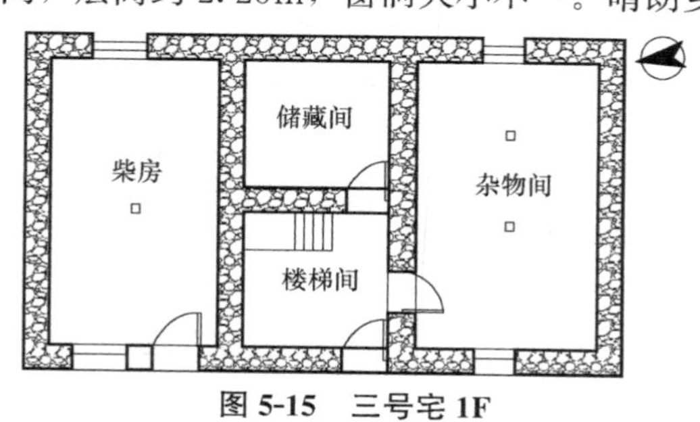

图 5-15　三号宅 1F

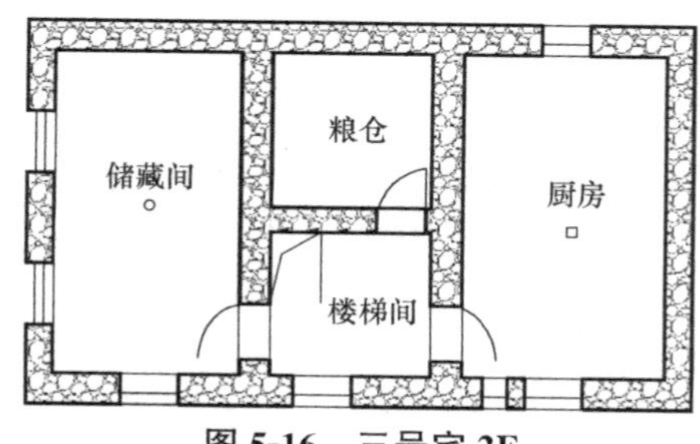

图 5-16　三号宅 2F

5.3.2　采暖能耗现状分析

1. 建筑选址

由于晴朗乡一号宅、二号宅地处仁恩塘村上寨背山面阳的山腰台地，冬季日照时长

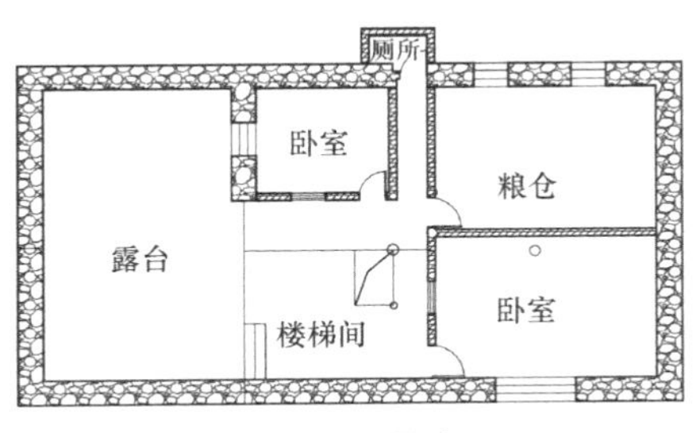

图 5-17　三号宅 3F

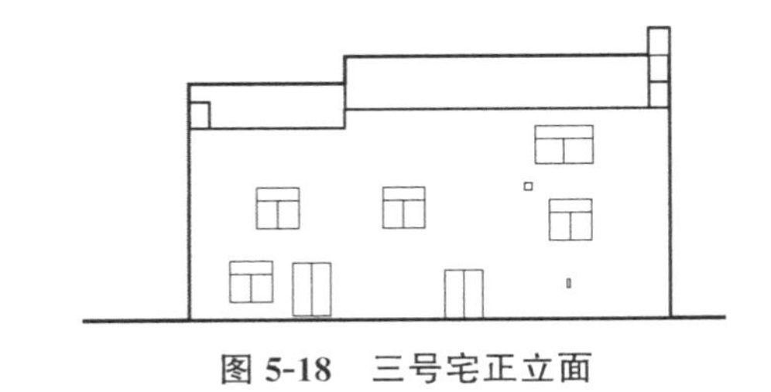
图 5-18　三号宅正立面

图 5-19　三号宅外部

图 5-20　三号宅室内

久，建筑表面获得的太阳辐射较充分。其中一号宅由于地处上寨中心位置（图 5-21），与周边建筑形成组团，抗风能力更强。二号宅入口设置在阴面，建筑与院落平面布局成 L 形，建筑前后无遮挡，视野开阔光照充足（图 5-22），由于地处上寨入口处，建筑四周较为开阔，冬季风经过时会带走较多的热量，从而增加了建筑的采暖能耗。

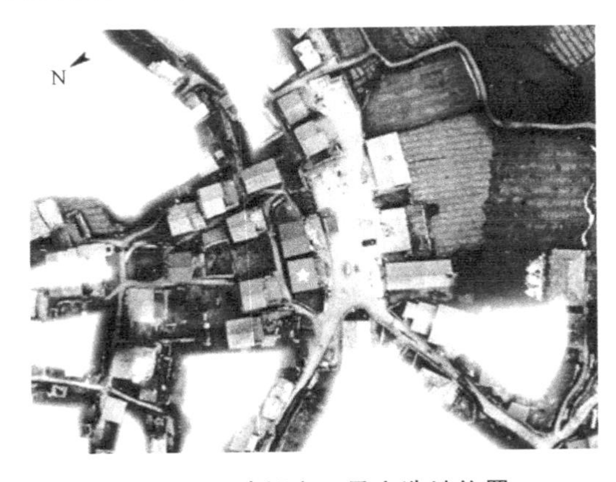

图 5-21　晴朗乡一号宅选址位置

图 5-22　晴朗乡二号宅选址位置

晴朗乡三号宅位于二牛奶村，地处河谷地带，北侧临河坐东朝西，入口设置在西面（图 5-23），建筑前后无遮挡，视野开阔，日照充足。相比于一号宅、二号宅，河谷地带冬季日照时间短，可获得的太阳辐射较小，谷风经过会带走建筑的热量，增加建筑的采暖能耗。

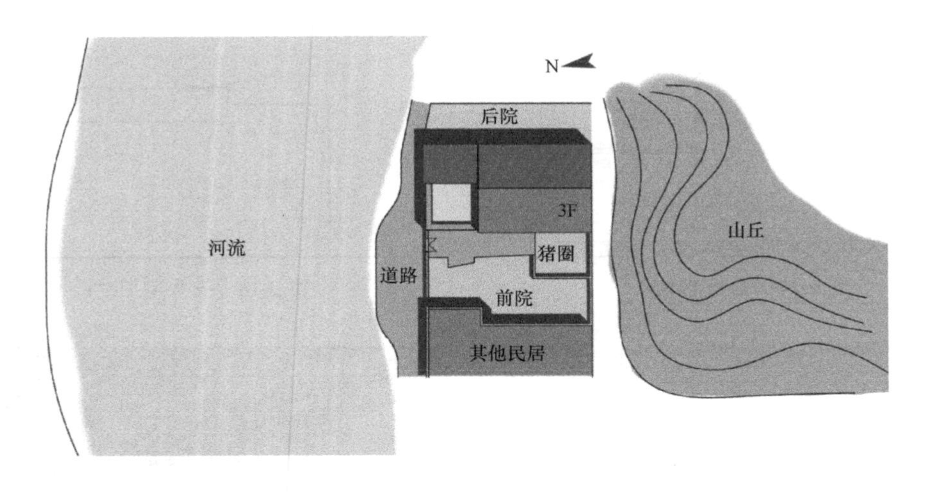

图 5-23 晴朗乡三号宅选址位置

2. 建筑朝向

以上分析的三处民居均位于阿坝藏族羌族自治州境内，在气候分区上属于寒冷地区，冬季严寒漫长，夏季温和简短。从日照分析来看，该地区建筑最有利朝向为南偏东约20°，最不利朝向为北偏东 70°（图 5-24）。晴朗乡一号宅建筑朝向为南偏西约 32°，晴朗乡二号宅建筑朝向为北偏西约 35°，晴朗乡三号宅建筑朝向为北偏西 80°。根据计算结果显示，晴朗乡三栋民居建筑的南立面获得的太阳辐射最多，西立面和东立面次之，北立面最少，可以看出不同朝向影响着该朝向上的房间在冬季获得的太阳辐射。

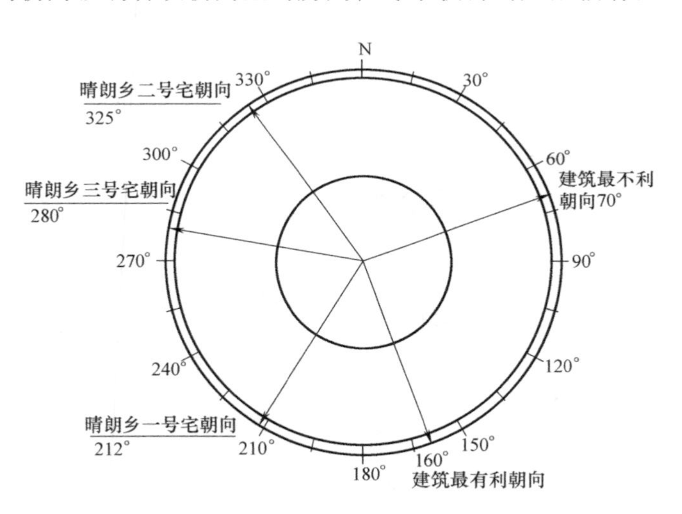

图 5-24 石木结构建筑朝向分析

从图 5-25 计算结果可以看出，晴朗乡一号宅冬季能获得充足的太阳辐射，其中南立面和西立面是建筑获得太阳辐射较多的立面。建筑开窗主要集中在南立面，较好地利用了太阳辐射，减少寒风影响，沿南面布置的卧室也充分利用了太阳辐射给室内升温。北立面和东立面是建筑在冬季得热最少的两个立面，但楼梯间设置在南立面，也导致了建筑内的厨房和客厅只能布置在这一侧，该两处功能空间活动比较频繁，但不能很好地利用太阳辐射，因而增加了冬季采暖能耗。

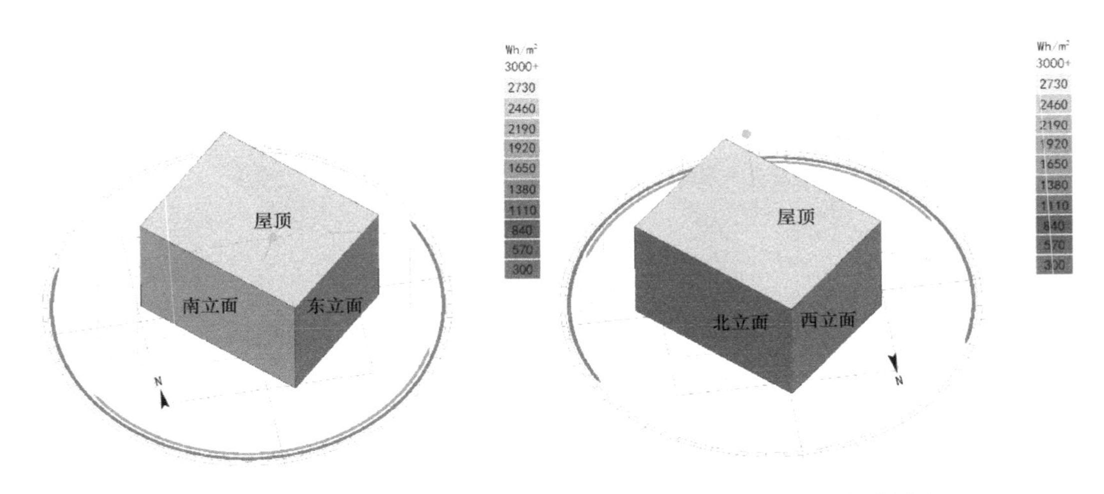

图 5-25　晴朗乡一号宅 10 月～3 月每日 8：00～18：00 日均太阳辐射分析

从图 5-26 计算结果可以看出，晴朗乡二号宅在冬季获得的太阳辐射较少。北立面和东立面是建筑的两个主要立面，内部的主要房间均沿该区域布置，在冬季室内获得的太阳辐射较少，室内温度偏低增加了采暖能耗。西立面和南立面是建筑在冬季得热最多的两个立面，但作为建筑的次要立面，开窗面积较小，且室内次要房间和过道沿该区域布置，导致利用太阳辐射给室内取暖的效果较差。

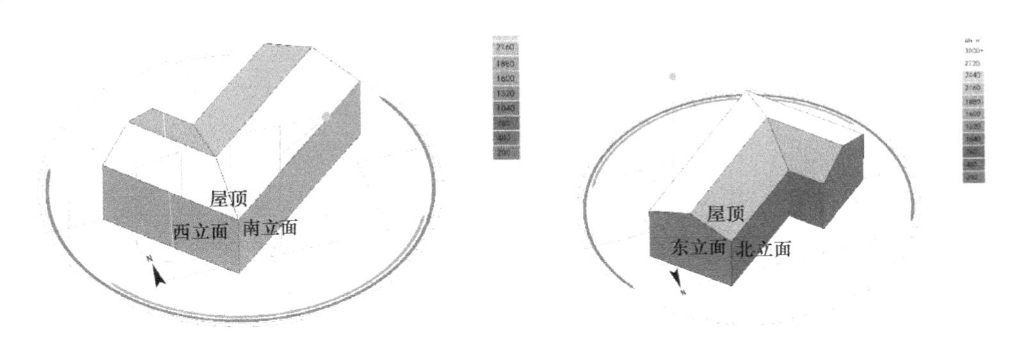

图 5-26　晴朗乡二号宅 10 月～3 月每日 8：00～18：00 日均太阳辐射分析

从图 5-27 计算结果可以看出，晴朗乡三号宅在冬季能获得充足的太阳辐射。南立面和西立面是建筑的两个主要立面，在冬季获得的太阳辐射较多。建筑在西立面上开设的大窗可以让更多的太阳辐射进入室内。建筑内部房间布置充分注重对太阳辐射的利用，如将活动频繁的厨房和卧室布置在辐射较高的西立面和南立面一侧，将柴房和储藏间布置在辐射较少的北立面上。但是缺点是忽略了获得太阳辐射较高的东立面，在东立面上仅有几个通风用的窄小洞口，没有开大窗将阳光引入室内，导致从东立面进入室内的太阳辐射较少。

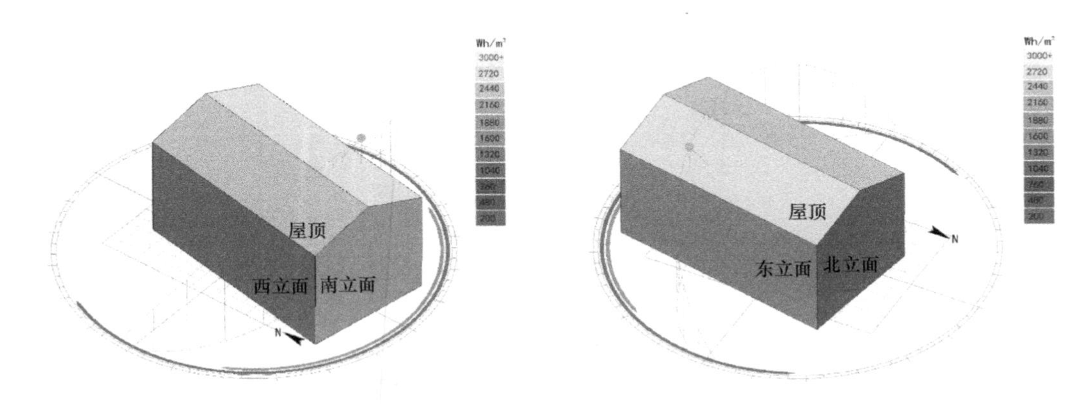

图 5-27　晴朗乡三号宅 10 月～3 月 8：00～18：00 日均太阳辐射分析

3. 建筑体型

体型系数是直观反映建筑是否节能的重要指标，本次分析的民居建筑体型系数信息见表 5-1、图 5-28～图 5-30。

建筑体型系数信息表　　表 5-1

民居建筑	占地面积 $S_0(m^2)$	底面周长 $L_0(m)$	建筑表面积 $F_0(m^2)$	建筑层数 n	建筑层高 $h(m)$	建筑体积 $V_0(m^3)$
晴朗乡一号宅	99.10	40.14	412.193	3	2.25	668.93
晴朗乡二号宅	184.33	61.00	659.50	2	3.00	1105.98
晴朗乡三号宅	174.74	54.86	678.18	3	2.25	1179.50

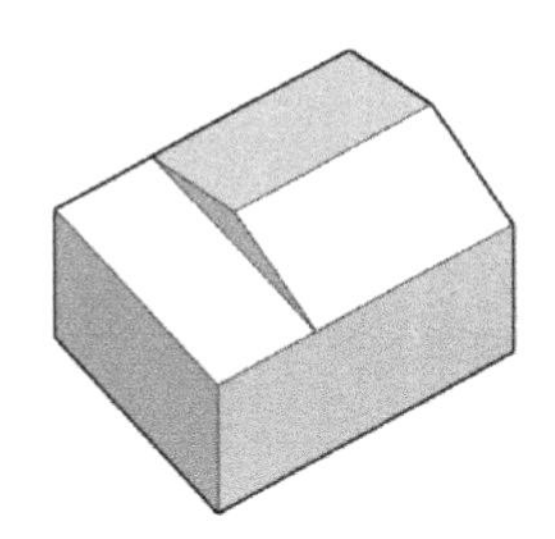

图 5-28　晴朗乡一号宅体块示意图

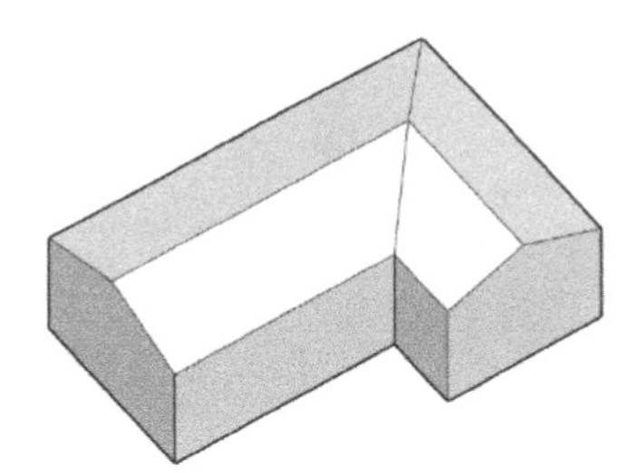

图 5-29　晴朗乡二号宅体块示意图

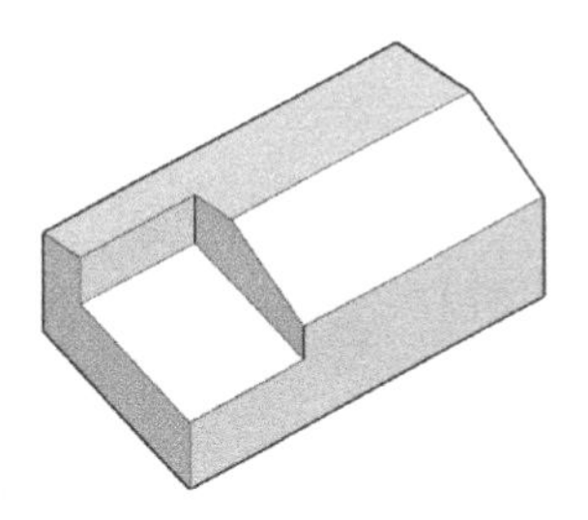

图 5-30　晴朗乡三号宅体块示意图

晴朗乡一号宅：$S=\frac{F_0}{V_0}=0.61$

晴朗乡二号宅：$S=\frac{F_0}{V_0}=0.60$

晴朗乡三号宅：$S=\frac{F_0}{V_0}=0.57$

计算结果对比表 5-2 显示，只有晴朗乡三号宅的体型系数满足标准（$S\leqslant0.57$），在外围护结构构造方式基本一致的情况下，每立方米的体积上一号宅和二号宅同外界环境的接触面积越大，失去的热量就越多，从而加大了建筑采暖负荷。

严寒、寒冷地区建筑体型系数标准 表 5-2

气候区	建筑层数	
	≤3 层	≥4 层
严寒地区(1 区)	0.55	0.30
寒冷地区(2 区)	0.57	0.33

4. 围护结构

针对以上分析，为提升川西北高寒地区石砌民居外墙的保温性能，降低房屋采暖能耗，通常采用以下两种做法。一种是丰富外墙的构造层次，以石头加泥土砌筑的外墙作基层，再在内壁用泥土抹面，泥土不仅能起到保温的作用，还能有效填堵外墙的孔隙，防止冷风渗透。另一种是增大墙体厚度来提升外墙的热阻，从而阻止热量流失，平均厚度 750mm 的石墙相比于 240mm 厚砖墙抵挡热量流失的能力更加出色。本次选取的三栋石木结构建筑均采用上述做法对墙体的性能进行改善，为了进一步了解墙体的热工性能，课题组使用绿建斯维尔软件进行模拟，了解墙体的热工性能相关指标，并依据标准对墙体的热工性能进行评价，见表 5-3、表 5-4。

石木结构民居建筑外墙热工性能计算表 表 5-3

标准依据	《四川省居住建筑节能设计标准》DB 51/5027—2019 第 5.1.1 条					
标准要求	K 应满足标准中表 5.1.1-3 的规定($K \leqslant 0.45$)					
晴朗乡一号宅外墙热工性能计算表						
材料名称(由外到内)	厚度 δ	导热系数 λ	蓄热系数 S	修正系数	热阻 R	热惰性指标
	(mm)	W/(m·K)	W/(m²·K)	α	(m²·K)/W	$D=R\times S$
大理石、花岗石、玄武石	600	3.500	25.470	1.00	0.171	4.366
土坯墙	150	0.690	9.190	1.00	0.217	1.998
各层之和Σ	750	—	—	—	0.389	6.364
外表面太阳辐射吸收系数	0.75[默认]					
传热系数 $K=1/(0.15+\Sigma R)$	1.86					
考虑热桥后 D	6.36×1.00=6.36					
结论	不满足					
晴朗乡二号宅外墙热工性能计算表						
材料名称(由外到内)	厚度 δ	导热系数 λ	蓄热系数 S	修正系数	热阻 R	热惰性指标
	(mm)	W/(m·K)	W/(m²·K)	α	(m²·K)/W	$D=R\times S$
夯实黏土($\rho=2000$)	150	1.160	13.054	1.00	0.129	1.688
砾石、石灰岩	600	2.040	18.030	1.00	0.294	5.303
各层之和Σ	750	—	—	—	0.423	6.991
外表面太阳辐射吸收系数	0.75[默认]					

续表

晴朗乡二号宅外墙热工性能计算表						
材料名称（由外到内）	厚度 δ	导热系数 λ	蓄热系数 S	修正系数	热阻 R	热惰性指标
	(mm)	W/(m·K)	W/(m^2·K)	α	(m^2·K)/W	$D=R\times S$
传热系数 $K=1/(0.15+\sum R)$	1.74					
考虑热桥后 D	6.99×1.00=6.99					
结论	不满足					

晴朗乡三号宅外墙热工性能计算表						
材料名称（由外到内）	厚度 δ	导热系数 λ	蓄热系数 S	修正系数	热阻 R	热惰性指标
	(mm)	W/(m·K)	W/(m^2·K)	α	(m^2·K)/W	$D=R\times S$
轻质黏土	70	0.470	6.360	1.00	0.149	0.947
砂岩与石英岩	600	2.040	17.701	1.00	0.294	5.206
轻质黏土	60	0.470	6.360	1.00	0.128	0.812
各层之和∑	730	—	—	—	0.571	6.965
外表面太阳辐射吸收系数	0.75[默认]					
传热系数 $K=1/(0.15+\sum R)$	1.39					
考虑热桥后 D	6.96×1.00=6.96					
结论	不满足					

晴朗乡三栋研究建筑外窗热工性能计算表 **表 5-4**

构造名称	传热系数 K	自遮阳系数	可见光透射比	备注
单层木（塑料）窗（上限）	4.70	0.70	0.800	来源《民用建筑热工设计规范》GB 50176—2016

从以上计算结果来看，晴朗乡三栋民居外围护结构的传热系数 K 均不满足《四川省居住建筑节能设计标准》DB 51/5027—2019 中的标准（表 5-5）。但千百年来，川西北高寒地区居民在有限条件下运用智慧也造出了最有利的降低采暖能耗、提升保温的外墙处理方式。在石木结构民居墙体中，石材自身有吸热快、散热快的特性，当地居民为了将石块吸收传递的热量锁定在室内，利用泥土保温性能优于石材的特点，在石墙表面增加一层泥浆，充当墙体的保温层，这是一种施工简便、效果显著的保温方法。此外，石木结构墙体的厚度均达到 750mm 以上，相比于一般墙体，如此厚度增加了墙体的热阻值，增强了外墙整体阻挡热量传递的效果。此外，墙体的热惰性指标与墙体厚度成正比，墙体厚度越大，温度变化在墙体内部衰减得就越快，墙体的热稳定性就越好。

5. 温度分析

为了解三栋民居建筑室内温度随室外温度变化情况，本次选用华汉维 TH20R-EX（室外）、TH20R 温湿度记录仪（图 5-31），在建筑室内进行定点测量（图 5-32～

图 5-34)。华汉维 TH20R-EX 温湿度记录仪温度测量误差±0.2℃，湿度测量误差±2%RH，室内款温度测量范围－20～70℃，室外款温度测量范围－40～85℃，湿度测量范围0～100%RH，最高可记录数据 30 万组。图 5-35 是采用华汉维 TH20R-EX 温湿度记录仪，在 2021 年 1 月 19 日～4 月 2 日的数据。

高海拔寒冷地区围护结构热工性能限值 **表 5-5**

围护结构部位	传热系数 K[W/(m^2·K)]		
	≤3 层建筑	4～8 层的建筑	≥9 层的建筑
屋面	≤0.35	≤0.45	≤0.45
外墙	≤0.45	≤0.60	≤0.70
架空或外挑楼板	≤0.45	≤0.60	≤0.60
非供暖地下室顶板	≤0.50	≤0.65	≤0.65
分隔供暖与非供暖空间的隔墙	≤1.50	≤1.50	≤1.50
分隔供暖非供暖空间的门	≤2.00	≤2.00	≤2.00
阳台门非透明部分门芯板	≤1.70	≤1.70	≤1.70
围护结构部位	保温材料层热阻 R(m^2·K/W)		
周边地面	≥0.85	≥0.55	—
地下室外墙(与土壤接触的外墙)	≥0.90	≥0.60	—

图 5-31 华汉维 TH20R 温湿度记录仪

图 5-32 室外测温设备安放

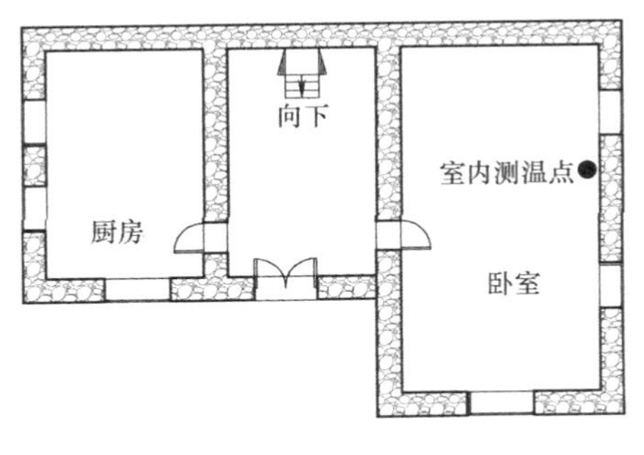

图 5-33 晴朗乡二号宅测温点

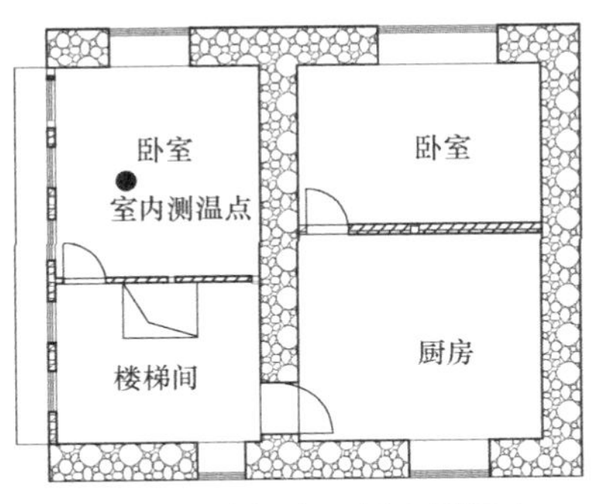

图 5-34 晴朗乡一号宅测温点

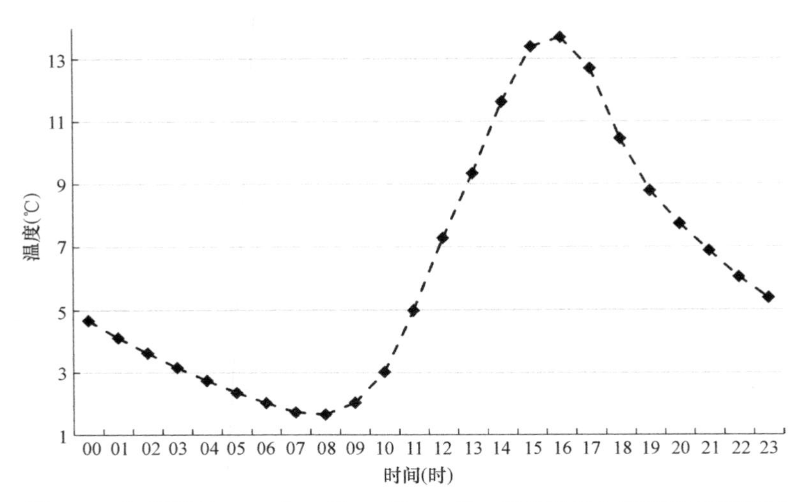

图 5-35　仁恩塘村 2021 年 1 月 19 日～4 月 2 日室外平均气温时刻变化图

仁恩塘村在 2021 年 1 月 19 日～4 月 2 日的外部环境最低温度－7.3℃，最高温度 25.6℃，平均温度 6.2℃。从图 5-35 可以看出，仁恩塘村最低温度集中在每日 7：00～9：00，最高温度集中在每日 15：00～17：00，日平均最高气温 13.69℃，日平均最低气温 1.65℃。以气温≤10℃为冷时。根据仁恩塘村冷时分布统计图（图 5-36）可以看出，在统计时间内，仁恩塘村从 1 月下旬至 2 月下旬气温逐渐回暖，从 2 月下旬至 3 月上旬气温逐渐降低，3 月上旬至 3 月中旬气温又有所回暖，3 月中旬至 3 月下旬气温逐渐降低。统计结果显示，仁恩塘村较冷的时间段集中在 1 月下旬、2 月上旬和中旬以及 3 月上旬。

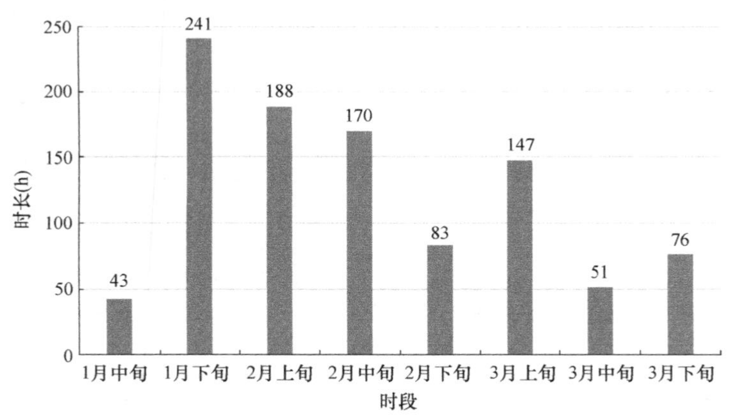

图 5-36　仁恩塘村冷时分布统计图

以气温＞10℃为热，气温≤10℃为冷进行统计，本次冷时热时统计时长共计 106560min。晴朗乡一号宅室内冷时时长达到 57180min，热时时长达到 49380min，室内冷时占比达到总时长的 53.66％。晴朗乡二号宅冷时时长达到 75370min，热时时长达到 31190min，室内冷时占比达到总时长的 70.73％。从图 5-37 可见，晴朗乡一号宅室内冷时集中在 7：00～10：00，平均温度 6.94℃，室内热时集中在 14：00～17：00，平均温度 13.26℃。从图 5-38 可见，晴朗乡二号宅室内冷时集中在 7：00～10：00，平均温度

7.04℃，室内热时集中在14：00～17：00，平均温度11.99℃。根据冷时热时分布的时间段规律，为减少采暖能耗、提升建筑绿色性，需适当对建筑采暖的时间进行调控。

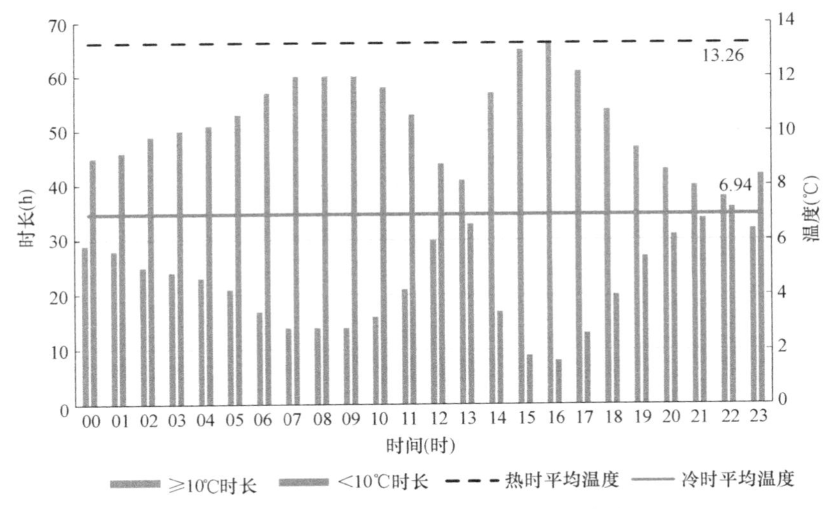

图5-37 明朗乡一号宅冷时热时时长统计图

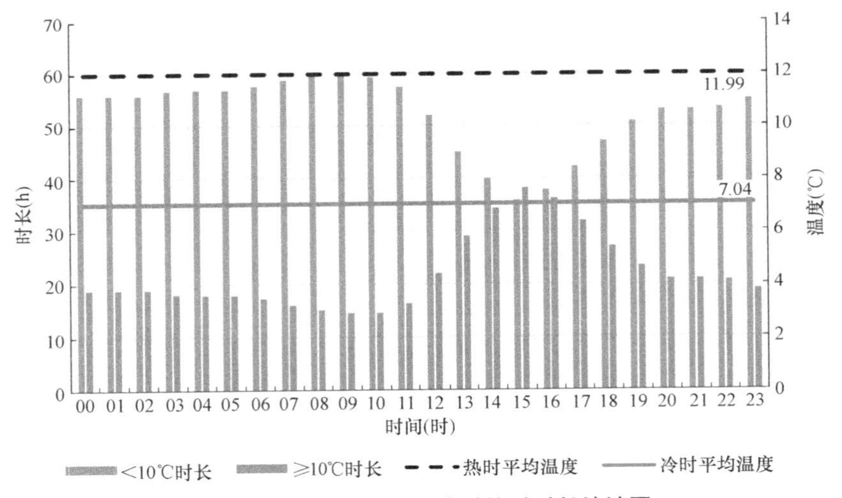

图5-38 晴朗乡二号宅冷时热时时长统计图

在晴朗乡三号宅室内进行定点测量，见图5-39、图5-40。

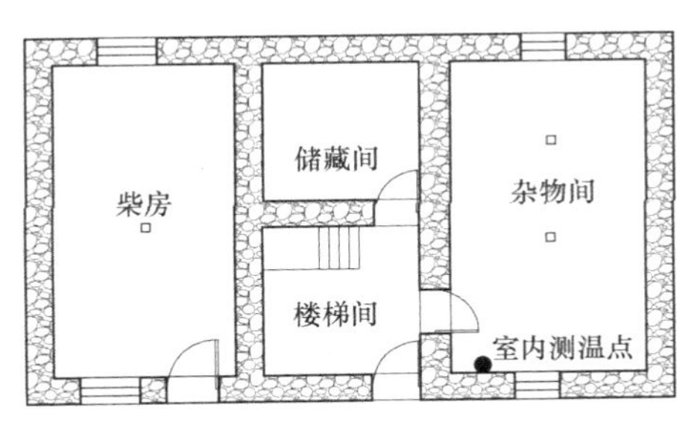

图5-39 晴朗乡三号宅一层测温点

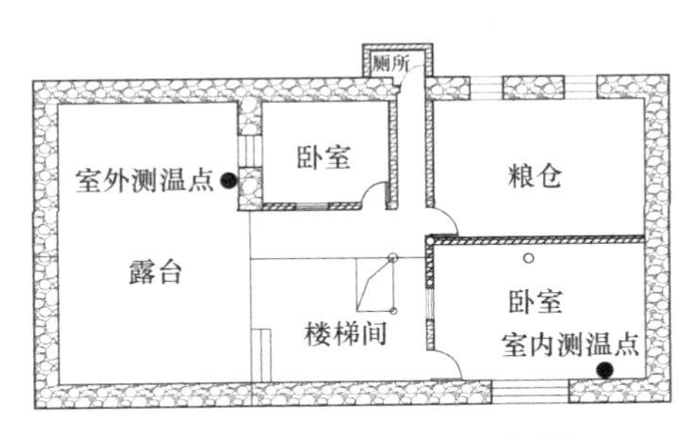

图5-40 晴朗乡三号宅三层测温点

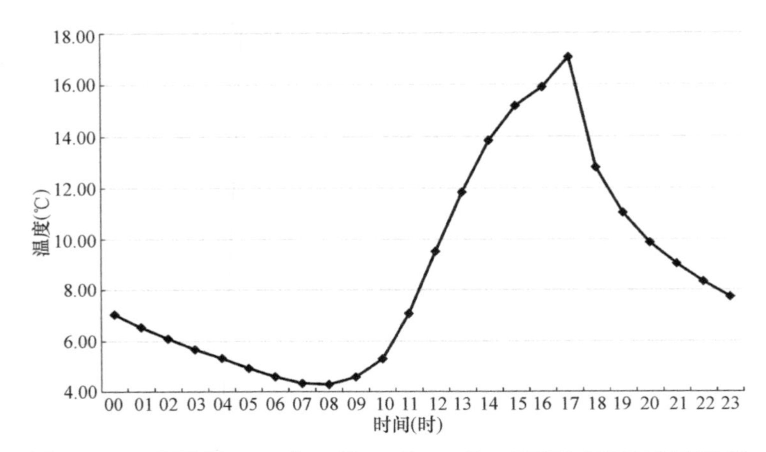

图 5-41　二牛奶村 2021 年 1 月 19 日～4 月 2 日平均气温时刻变化图

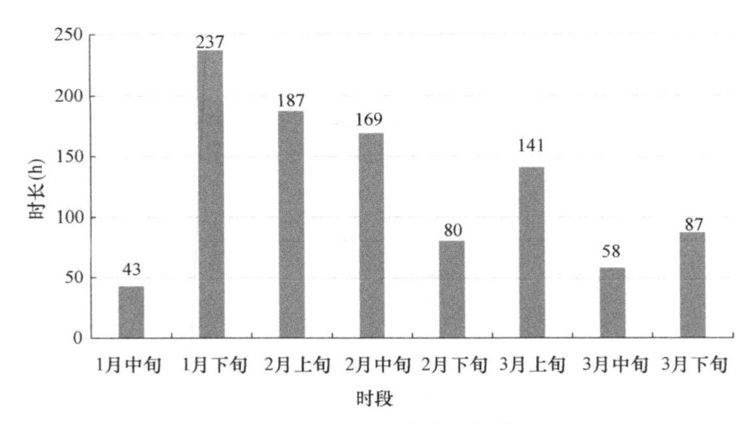

图 5-42　二牛奶村冷时分布统计图

二牛奶村外部气温在 2021 年 1 月 19 日～4 月 2 日，最低温度－4℃，最高温度 38.5℃，平均温度 8.7℃。从图 5-41 可以看出，二牛奶村最低温度集中在每日 7：00～9：00，最高温度集中在每日 16：00～18：00，日平均最高气温 17.06℃，日平均最低气温 4.30℃。以气温≤10℃为冷时。根据图 5-42 可以看出，在统计时间内，二牛奶村从 1 月下旬至 2 月下旬气温逐渐回暖，从 2 月下旬至 3 月上旬气温逐渐降低，3 月上旬至 3 月中旬气温又有所回暖，3 月中旬至 3 月下旬气温逐渐降低。统计结果显示，二牛奶村较冷的时间段集中在 1 月下旬、2 月上旬和中旬以及 3 月上旬。

以气温＞10℃为热时，气温≤10℃为冷时，本次冷时热时统计时长共计 106560min。晴朗乡三号宅一层室内冷时时长达到 87140min，热时时长达到 19420min，室内冷时占比达到总时长的 81.78%；二牛奶村三层室内冷时时长达到 67520min，热时时长达到 39040min，室内冷时占比达到总时长的 63.40%。从图 5-43 可见，晴朗乡三号宅一层室内温度变化较小，经常处在冷时状态，冷时均温 5.55℃，热时均温 11.15℃。从图 5-44 可见，晴朗乡三号宅三层室内冷时集中在 6：00～10：00，平均温度 6.3℃，室内热时集中在 15：00～18：00，平均温度 12.9℃。

上文通过建筑选址、朝向、体型、围护结构对三栋石木结构民居的采暖能耗现状进行

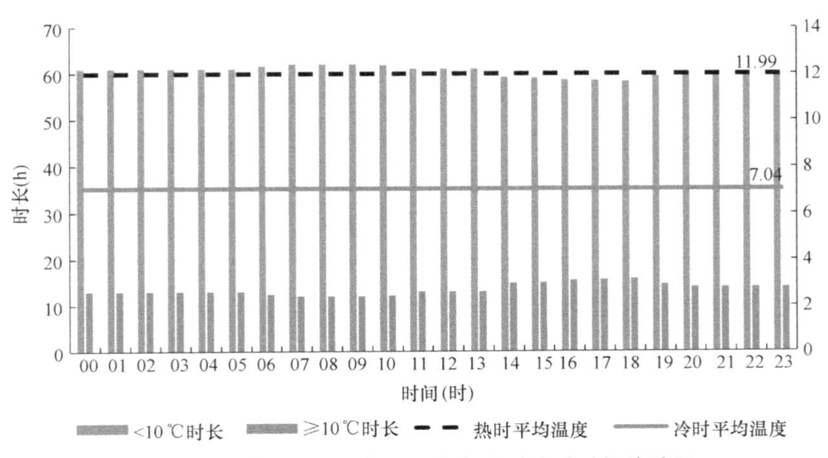

图 5-43 晴朗乡三号宅一层室内冷时热时时长统计图

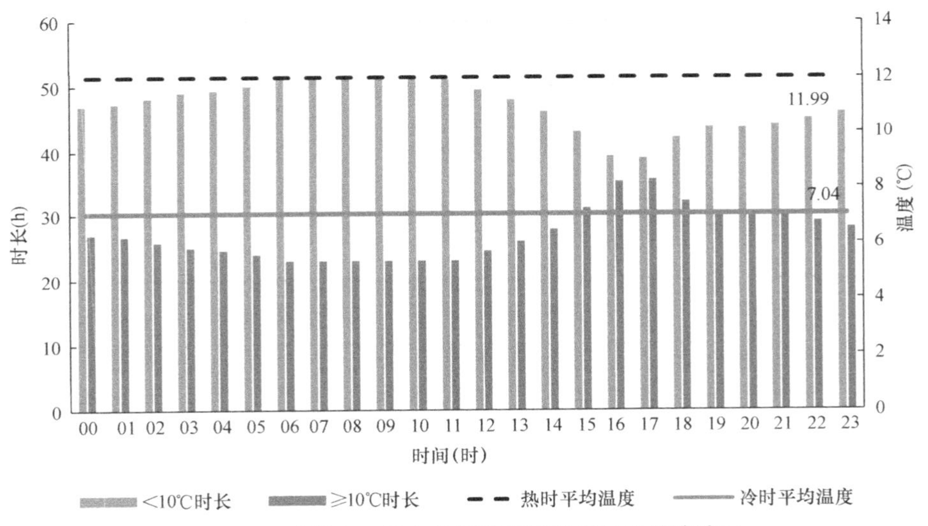

图 5-44 晴朗乡三号宅三层卧室冷时热时时长统计图

了初步了解，并使用软件对建筑的体型系数、围护结构进行了计算模拟。从结果来看，参照国家标准、四川省标准，存在诸多原因导致晴朗乡三栋民居采暖能耗增加，为后期采暖改造提供了基础依据。

5.4 土木结构传统民居采暖能耗分析

在前期甘孜藏族自治州泸定县、康定市、雅江县、甘孜县、新龙县等县市及阿坝藏族羌族自治州汶川县、茂县、黑水县等县调研的基础上，最终选择汶川县威州镇布瓦村和甘孜县仁果乡桑都村内的三栋典型传统土木结构民居进行采暖能耗分析。布瓦村两处民居选址于高半山地带，桑都村一处民居选址于开阔河谷地带，三栋建筑保持着良好的传统风貌，其结构形式、选址、朝向等方面在川西北高寒地区具有代表性。分析过程主要包括测绘、温湿度数据收集、数字模型的建立与分析等方面。

5.4.1 民居概况

1. 布瓦寨一号宅

布瓦寨地处阿坝藏族羌族自治州汶川县威州镇北部的布瓦村，位于岷江上游，距县城11.5km。海拔在1400～3200m，平均海拔2000m，属于高半山地区，年平均气温15℃，年降雨量460mm，日照1800h，气候干燥，植被稀疏，属暖温带半干旱季风气候，雨期多集中在夏季，冬季气温偏低，有采暖需求。民居风貌特征明显，体现出羌族传统的风情民俗，以土木结构为主。布瓦寨建筑选址属于高半山缓坡台地型，住宅与耕地交错分布，有良好的日照、采光及通风条件，且背山面水，视野开阔，可以俯瞰岷江和威州镇。寨内相邻建筑间距偏小，建筑室外地坪有显著高差（图5-45、图5-46）。

图5-45　布瓦寨鸟瞰

图5-46　俯瞰威州镇

布瓦寨一号宅南北向与相邻两建筑间距约5m，未受建筑遮挡，日照、通风和采光条件良好，东西向有耕地，无相邻建筑。建筑主体两层，高5.5m，局部高3.2m，建筑面积共约200m^2，长约15m，宽约10m。建筑局部两层，底层为主要活动空间，包括五间卧室、一间客厅、一间厨房、一间餐厅和一个门厅（图5-47、图5-48）。各功能房间以客厅和门厅为中心布置，五个卧室分布在建筑的南北面，南北向有开窗，出于对保温的考虑，住宅的窗洞较小，室内采光效果不理想（图5-52）。东西面分别为厨房和餐厅，厨房两层通高。门厅内有木梯通往一楼屋顶，楼梯间上方有挑出的屋檐雨篷遮挡风雨（图5-49、图5-50），门厅内采光和通风良好，但由于楼梯间的外围护结构不完整，空气

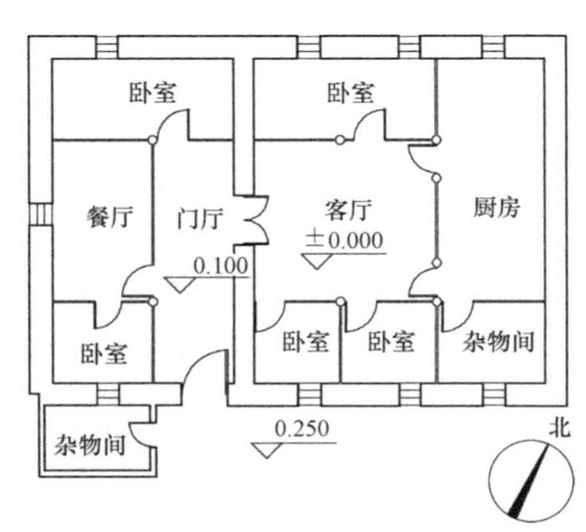

图5-47　布瓦寨一号宅底层平面图

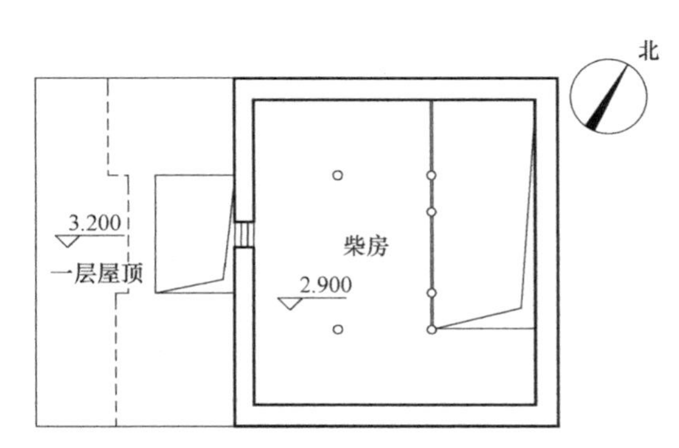

图5-48　布瓦寨一号宅二层平面图

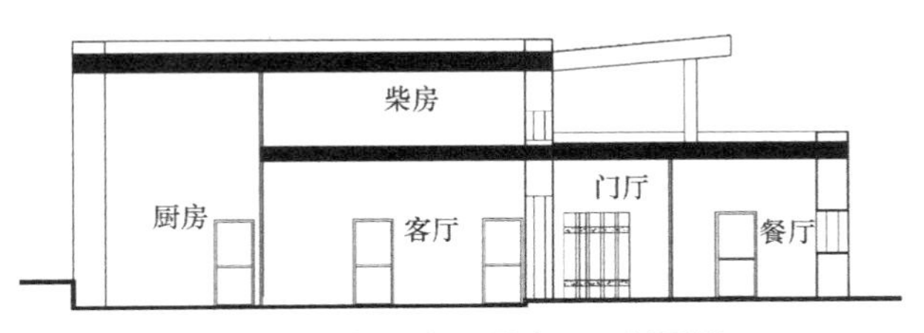

图 5-49　布瓦寨一号宅 1-1 剖面图

与室外直接对流，楼梯间成为热量流失的主要出口。二层西侧为晒台，东侧为仓储间，常年堆放木柴（图 5-51）。建筑主要选材为土和木，承重墙均为夯土，外墙约 640mm 厚，内部承重墙约 550mm 厚，其余隔墙为 50mm 厚木墙。屋顶厚度约 350mm，底层为木材，中间层为黏土和石材，面层为沥青油毡防水层。

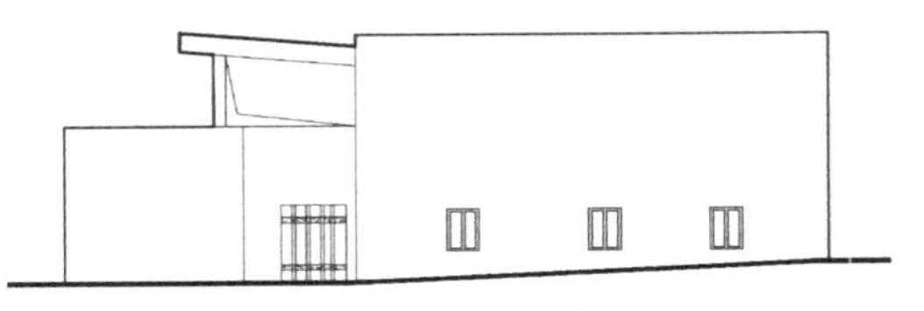
图 5-50　布瓦寨一号宅东南立面图

图 5-51　布瓦寨一号宅外观

图 5-52　布瓦寨一号宅室内

2. 布瓦寨二号宅

布瓦寨二号宅与布瓦寨一号宅相隔不远，房屋坐北朝南，依仗地势修建，背靠大山，建筑右侧为废弃碉楼改造而成，与建筑形成一个整体。建筑面积约 170m²，建筑高度约 5m，碉楼部分高 7.6m，长约 13m，宽约 10m。该建筑共有两层，客厅通高，其余房间以此为中心进行布局（图 5-53、图 5-54）。卧室共三间，分布在东西两侧，厨房通高，和两

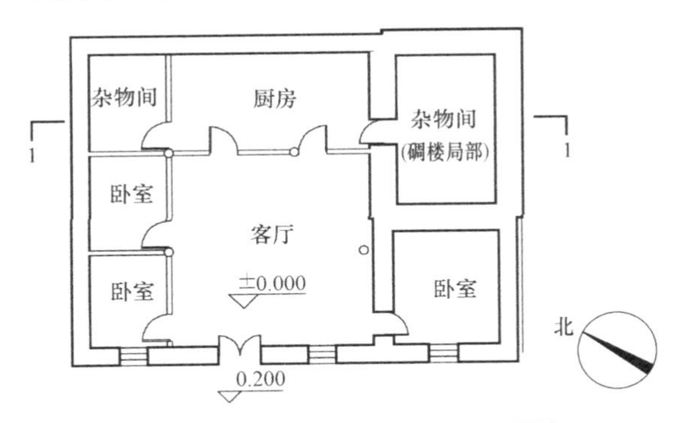

图 5-53　布瓦寨二号宅一层平面图

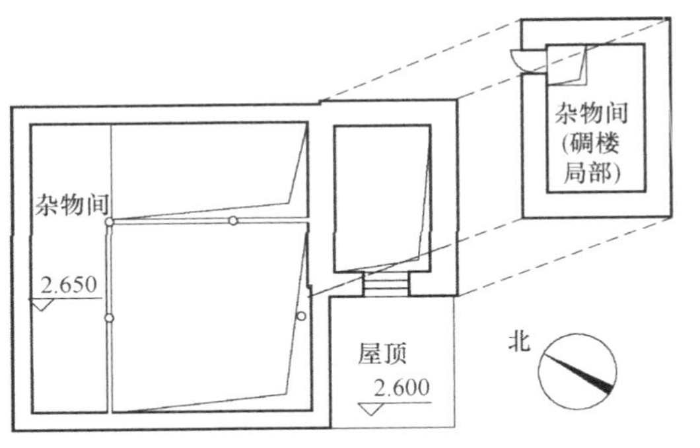

图 5-54　布瓦寨二号宅二层平面图

间杂物间并排位于室内北侧，二层为杂物间。建筑仅西南向开窗，窗户尺寸偏小（图 5-55），降低了日间热辐射吸收量，能较好地保证冬季室温，但采光不够理想。建筑外墙选材主要为夯土和木材，墙体厚约 800mm，由黏土夯筑，其余承重墙为 550mm 厚夯土（图 5-56），隔墙墙裙部分由砖砌筑，其上部为木制，厚度约 150mm。屋顶厚度约 350mm，底层为木材，中间层为黏土和石材，面层为沥青油毡防水层（图 5-57）。装饰装修方面，建筑底层有吊顶和墙面抹灰处理（图 5-58）。

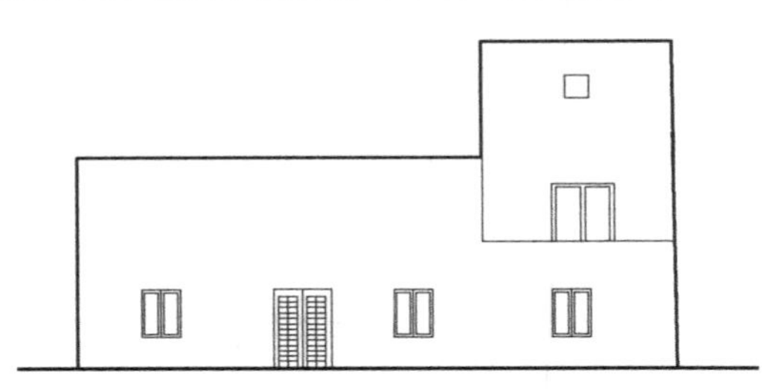

图 5-55　布瓦寨二号宅西南立面图

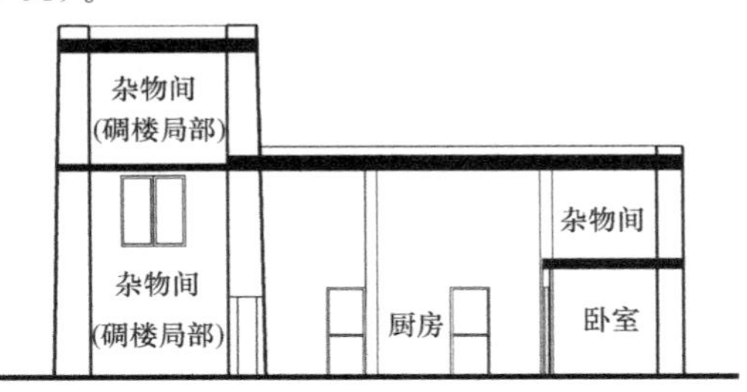

图 5-56　布瓦寨二号宅一层 1-1 剖面

图 5-57　布瓦寨二号宅屋顶构造

图 5-58　布瓦寨二号宅底层室内装饰装修

3. 桑都村三号宅

桑都村三号宅位于甘孜藏族自治州甘孜县仁果乡，东距县城约 22km，平均海拔 3420m，属大陆性高原季风气候，光照充足，日照强烈。冬寒夏凉，暖季短暂，冷季漫长，春季多大风和沙暴，雨量偏少，雨热同季，干湿季分明，采暖需求较高。桑都村建筑以夯土建筑为主，有明显藏族特色，区域内地势平坦，相邻建筑间距离较大。

桑都村三号宅建造年代较早，建筑高 3.3m，室内净高 2.5m，四周由土墙围合成（图 5-59），墙体厚度约 700mm，内部无隔墙，四面不开窗，南面为主入口，内部木柱形成梁架结构体系。民居南面大门上有 9m 长、0.4m 深的木挑檐（图 5-60、图 5-62）。屋顶样式为平屋顶，中部一间屋顶开有双坡顶天窗，室内无其他遮挡（图 5-61、图 5-63），整体光线良好。

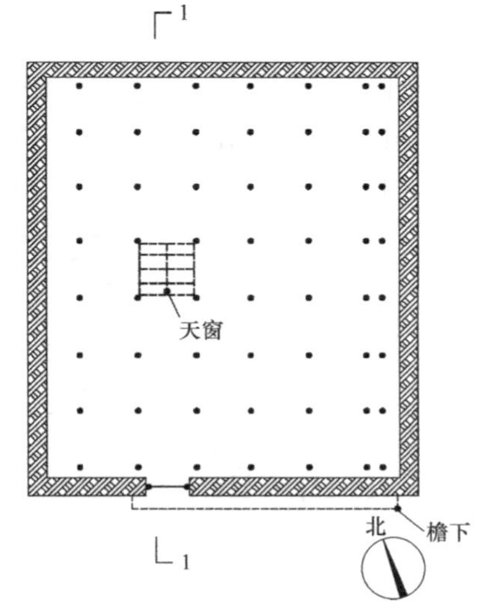

图 5-59　桑都村三号宅一层平面图

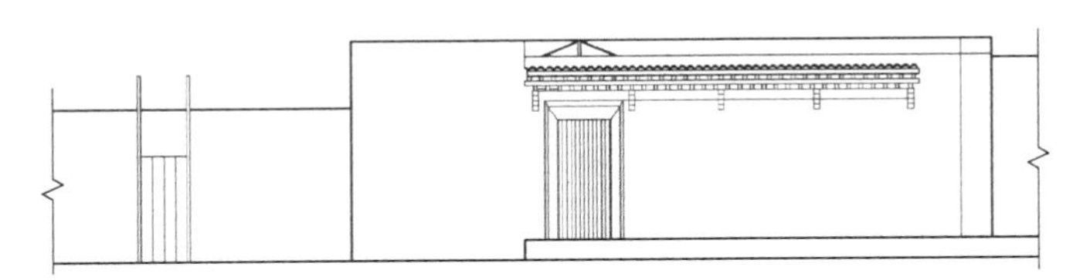
图 5-60　桑都村三号宅正立面图

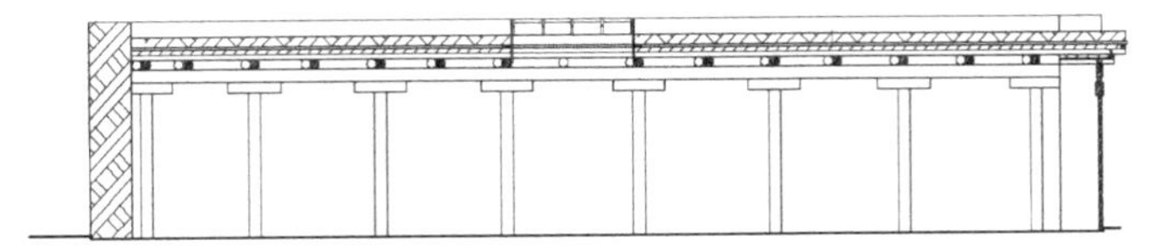
图 5-61　桑都村三号宅 1-1 剖面图

图 5-62　桑都村三号宅正立面

图 5-63　桑都村三号宅室内

5.4.2 采暖能耗现状分析

1. 建筑选址

与石木结构民居选址相似，土木结构民居大多选择阳光充足、树木茂盛、临近水源、环境安全且临近适宜种养殖的区域，通常依山而建。

布瓦寨一号宅和二号宅所处位置属于高半山缓坡台地型，地势较为平缓开阔，负阴抱阳的朝向使建筑有充足的日照（图 5-64、图 5-65）。寨内现存建筑大多为传统的羌族夯土

图 5-64　布瓦寨一号宅选址

图 5-65　布瓦寨二号宅选址

民居，建筑顺地势而建，沿等高线布置，分布局部密集。布瓦寨一号宅北侧与相邻两建筑间距小于 1m，日照、通风及采光效果受到一定程度的影响，南侧通透对冬季吸热有积极作用；东西向有耕地无相邻建筑，总体来看，建筑视野开阔，采光通风与日照条件良好。布瓦寨二号宅南北向为两条道路，较为通透，对冬季提高室温有积极作用；东西向为两栋相邻建筑，与民居间距小于 1m，日照、通风及采光效果同样受到一定程度的影响。

图 5-66　桑都村三号宅选址

桑都村三号宅选址于高原地带，与布瓦寨相比，桑都村地势更加平坦，相邻建筑间距离更大，日照更充足，气候更干燥，冬季也更长，因而桑都村三号宅的采暖需求比布瓦寨一号宅和二号宅更大，但同时也拥有更好的日照条件（图 5-66）。建筑南北向为耕地，东西向有相邻建筑，但间距较大，约 15m，视野开阔，日照、采光及通风不受相邻建筑影响。结合当地气候分析，需加大南向窗，增设阳光房等措施，提升建筑的被动采暖效率。

2. 建筑朝向

从日照分析来看，建筑最有利朝向为南偏东约 20°，最不利朝向为北偏东 70°（图 5-67、图 5-68）。布瓦寨一号宅建筑朝向为南偏西约 30°，布瓦寨二号宅建筑朝向为南偏东约 60°，桑都村三号宅建筑朝向为南偏西约 20°。

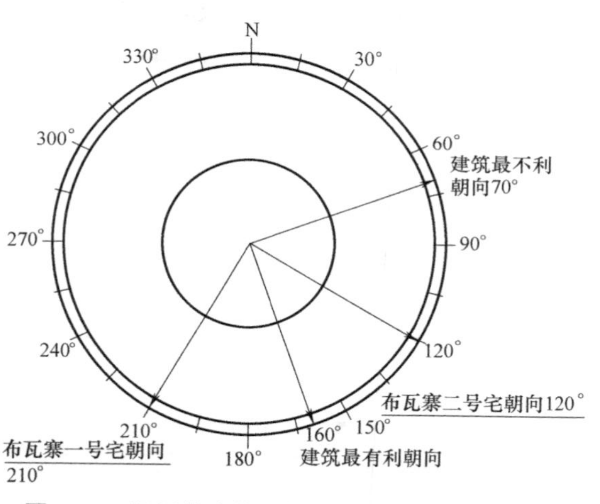

图 5-67　阿坝藏族羌族自治州测绘建筑朝向分析

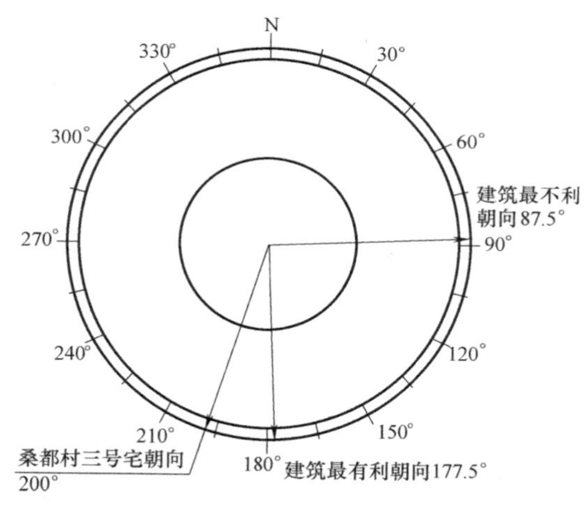

图 5-68　甘孜藏族自治州测绘建筑朝向分析

通过对三栋民居所在区域全年中最热月、最冷月和全年平均太阳辐射量分析来看，布瓦寨一号宅和桑都村三号宅朝向选择都在较优朝向选择范围内，但二者都靠近较优范围的临界点；布瓦寨二号宅处于临界点处，太阳辐射量不够理想。针对这一问题，可通过原有建筑进行开窗、调整内部空间功能布局等方式进行处理，对新建建筑可提供建筑朝向参考，避免新建建筑朝向不良。

为了更清楚地了解三栋实测土木结构民居室内功能空间太阳能辐射情况，对其不同功能空间朝向进行了分析。从图 5-69 可以看出，在布瓦寨一号宅的所有立面中，西北立面以及西南立面二层吸收的热辐射最低，东南立面和西南立面吸收的热辐射较高。西北面内部空间功能为两间主卧和一间厨房，建筑二层为粮仓；东南面为两间次卧、一间杂物间；西南面一间餐厅、一间主卧、一间次卧；客厅位于各功能空间的中央。卧室和客厅是民居的主要供暖空间，若将卧室和客厅布置在吸收辐射热较高的一侧（东南立面或西南立面），可以降低采暖能耗；反之则会增加采暖需求。按照布瓦寨一号宅现有布局，两间主卧以及客厅吸收的热辐射均偏低，可将卧室布置在东南面或西南面，而热辐射最低的西北面布置厨房、储物间等停留时间较短的功能用房。

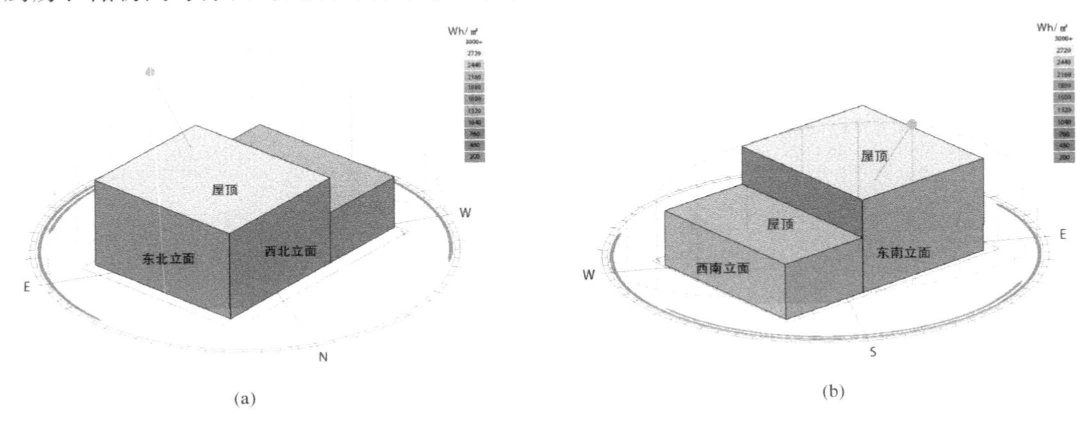

图 5-69 布瓦寨一号宅 10 月～3 月 8：00～18：00 日均太阳辐射分析

（a）北侧太阳辐射分析；（b）南侧太阳辐射分析

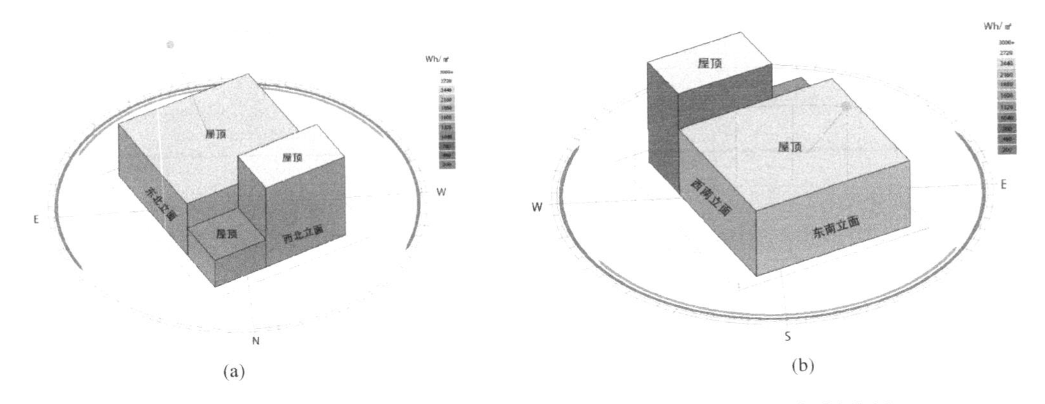

图 5-70 布瓦寨二号宅 10 月～3 月 8：00～18：00 日均太阳辐射分析

（a）北侧太阳辐射分析；（b）南侧太阳辐射分析

由图 5-70 可以看出，在布瓦寨二号宅的所有立面中，西南立面和东南立面热辐射偏高，西北立面以及东北立面和碉楼热辐射偏低。从空间布局来看，有两间主要供暖空间（次卧）位于太阳辐射较弱一侧（西北立面），有增加采暖能耗的风险，可将这两间次卧布置在太阳辐射较强侧（西南面、东南面）。

由图 5-71 可以看出，在桑都村三号宅的所有立面中，西南立面和东南立面热辐射最高，西北立面和东北立面吸收的热辐射量最低。可将卧室、客厅等空间布置在靠东南面和西南面，热辐射较低的西北面和东北面布置厨房、储物间等停留时间较短的功能用房。

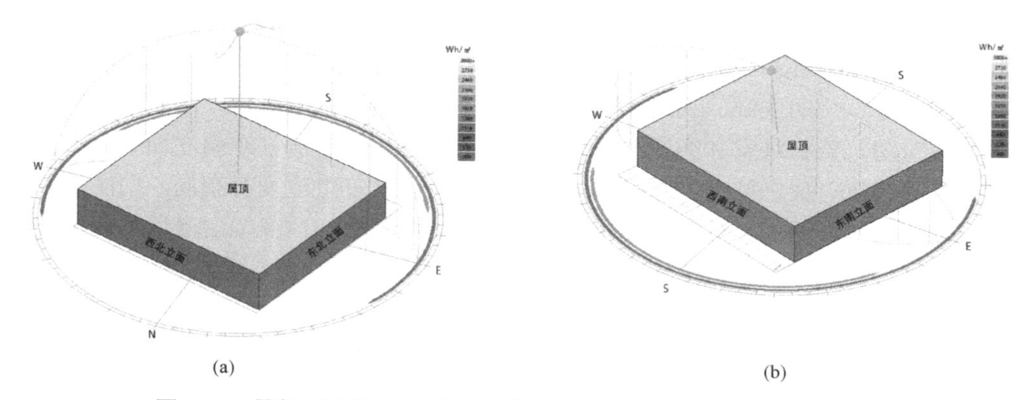

(a)　　　　(b)

图 5-71　桑都村三号宅 10 月～3 月 8：00～18：00 日均太阳辐射分析

(a) 北侧太阳辐射分析；(b) 南侧太阳辐射分析

3. 建筑体型

从前面石木结构民居体型分析来看，建筑物单位面积对应的外表面积越小，外围护结构的热损失越小。据《建筑气候区划标准》GB 50178—1993 划分，川西北高寒地区属于寒冷地区，其体型系数应≤0.57，若>0.57，则屋顶和外墙应加强保温。

通过计算得出，此次测绘的三栋土木结构民居体型系数均小于或等于 0.57，符合标准，具体数据见表 5-6。

调研测绘民居体型系数　　　　**表 5-6**

名称	建筑表面积(m^2)	建筑体积(m^3)	体型系数	是否≤0.57
布瓦寨一号宅	392.41	719.14	0.55	是
布瓦寨二号宅	435.00	761.20	0.57	是
桑都村三号宅	451.48	817.41	0.55	是

4. 围护结构

建筑围护结构是建筑与外界直接接触的界面，是室内温度与外界交换的介质，因此建筑围护结构所使用材料的性能与尺寸直接影响建筑的保温隔热性能，是影响建筑绿色性的重要因素之一。

(1) 墙体

川西北高寒地区土木结构建筑的墙体墙身厚度通常约 370～700mm，墙体由下至上有 5%～10%的收分处理，墙体竖向截面形状为直角梯形。外墙体主体材料为就近选取的生土，经过筛选、混合搅拌再进行加工砌筑，辅材为木材，都是保温隔热较好的天然材料。

在调研测绘的三栋民居中，布瓦寨一号宅墙体分为外部承重墙和内部隔墙，其中承重墙为夯土墙，厚度分别为 640mm 和 550mm；隔墙为木墙，厚度为 50mm；布瓦寨二号宅墙体部分墙厚约 800mm（原碉楼），其他部分外墙厚 550mm，内部隔墙采用砖墙木柱的混合搭配，墙厚 150mm；桑都村三号宅外墙体为夯土墙，厚度约 700mm。从三栋建筑的外墙节能报告（表 5-7～表 5-9）中可以看出，这三栋土木结构建筑外墙体无法满足《四川省居住建筑节能设计标准》DB 51/5027—2019。就外墙的厚度及其材料特性而言，夯土墙具有隔声、经济、环保的优点，但墙体偏厚，占用建筑使用面积较大且自重大、耗材多，可通过提升生土墙强度、降低导热系数，在满足保温隔热隔声的同时，保证建筑的结构安全性。

布瓦寨一号宅外墙热工性能计算表 **表 5-7**

材料名称（由外到内）	厚度 δ (mm)	导热系数 λ W/(m·K)	蓄热系数 S W/(m²·K)	修正系数 α	热阻 R (m²·K)/W	热惰性指标 $D=R\times S$
夯实黏土(ρ=2000)	640	1.160	12.990	1.20	0.460	7.167
各层之和Σ	640	—	—	—	0.460	7.167
外表面太阳辐射吸收系数	0.75[默认]					
传热系数 $K=1/(0.15+\Sigma R)$	1.64					
考虑热桥后 D	7.17×1.00=7.17					
标准依据	《四川省居住建筑节能设计标准》DB 51/5027—2019 第 5.1.1 条					
标准要求	K 应满足标准中表 5.1.1-2 的规定($K\leqslant 0.45$)					
结论	不满足					

布瓦寨二号宅外墙热工性能计算表 **表 5-8**

材料名称（由外到内）	厚度 δ (mm)	导热系数 λ W/(m·K)	蓄热系数 S W/(m²·K)	修正系数 α	热阻 R (m²·K)/W	热惰性指标 $D=R\times S$
夯实黏土(ρ=2000)	680	1.160	12.990	1.20	0.489	7.615
各层之和Σ	680	—	—	—	0.489	7.615
外表面太阳辐射吸收系数	0.75[默认]					
传热系数 $K=1/(0.15+\Sigma R)$	1.57					
考虑热桥后 D	7.62×1.00=7.62					
标准依据	《四川省居住建筑节能设计标准》DB 51/5027—2019 第 5.1.1 条					
标准要求	K 应满足标准中表 5.1.1-2 的规定($K\leqslant 0.45$)					
结论	不满足					

桑都村三号宅外墙热工性能计算表 **表 5-9**

材料名称（由外到内）	厚度 δ (mm)	导热系数 λ W/(m·K)	蓄热系数 S W/(m²·K)	修正系数 α	热阻 R (m²·K)/W	热惰性指标 $D=R\times S$
夯实黏土(ρ=2000)	700	1.160	12.990	1.00	0.603	7.839
各层之和Σ	700	—	—	—	0.603	7.839
外表面太阳辐射吸收系数	0.75[默认]					
传热系数 $K=1/(0.19+\Sigma R)$	1.26					
考虑热桥后 D	7.84 × 1.00 = 7.84					
标准依据	《四川省居住建筑节能设计标准》DB 51/5027—2019 第 5.1.1 条					
标准要求	K 应满足标准中表 5.1.1-2 的规定($K\leqslant 0.45$)					
结论	不满足					

（2）屋顶

本次研究分别对所测绘的三栋传统民居屋顶进行了节能分析（表 5-10～表 5-12），其中桑都村三号宅屋顶的传热系数满足《四川省居住建筑节能设计标准》DB 51/5027—2019，有良好的保温隔热性能，布瓦寨两栋民居屋顶均无法满足《四川省居住建筑节能设计标准》DB 51/5027—2019。虽然同为土木结构，但三处民居屋顶选用的具体材料及厚度不同，布瓦寨两栋民居的屋顶中有 180mm 厚片石，其传热系数约为夯土的 2 倍，且布瓦寨民居屋顶的夯土层厚度仅 80mm，而桑都村民居屋顶的夯土层厚度有 180mm，是布瓦寨的 2 倍有余。同时桑都村民居屋顶还选用了干草、稻壳等传热系数极低的材料，有效降低屋顶整体的传热系数。从提升保温性能角度出发，桑都村民居屋顶的建造方式是更可取的，但该栋民居每年雨期来临前需要对其屋顶进行修缮维护，需要耗费一定的人力和时间。

布瓦寨一号宅屋顶热工性能计算表 **表 5-10**

材料名称（由上到下）	厚度 δ	导热系数 λ	蓄热系数 S	修正系数	热阻 R	热惰性指标
	(mm)	W/(m·K)	W/(m^2·K)	α	(m^2·K)/W	$D=R\times S$
沥青油毡、油毡纸	10	0.170	3.330	1.00	0.059	0.196
夯实黏土(ρ=2000)	80	1.160	12.990	1.00	0.069	0.896
砾石、石灰岩	180	2.040	18.030	1.00	0.088	1.591
橡树、枫树(热流方向垂直木纹)	80	0.170	4.900	1.00	0.471	2.306
橡树、枫树(热流方向垂直木纹)	80	0.170	4.900	1.00	0.471	2.306
各层之和Σ	430	—	—	—	1.157	7.294
外表面太阳辐射吸收系数	0.75[默认]					
传热系数 $K=1/(0.15+\Sigma R)$	0.77					
标准依据	《四川省居住建筑节能设计标准》DB 51/5027—2019 第 5.1.1 条					
标准要求	K 应满足标准中表 5.1.1-2 的规定($K\leqslant$0.35)					
结论	不满足					

布瓦寨二号宅屋顶热工性能计算表 **表 5-11**

材料名称（由上到下）	厚度 δ	导热系数 λ	蓄热系数 S	修正系数	热阻 R	热惰性指标
	(mm)	W/(m·K)	W/(m^2·K)	α	(m^2·K)/W	$D=R\times S$
沥青油毡、油毡纸	10	0.170	3.302	1.00	0.059	0.194
夯实黏土(ρ=2000)	80	1.160	12.990	1.00	0.069	0.896
砾石、石灰岩	180	2.040	18.030	1.00	0.088	1.591
橡树、枫树(热流方向垂直木纹)	80	0.170	4.900	1.00	0.471	2.306
橡树、枫树(热流方向垂直木纹)	80	0.170	4.900	1.00	0.471	2.306
各层之和Σ	430	—	—	—	1.157	7.293
外表面太阳辐射吸收系数	0.75[默认]					
传热系数 $K=1/(0.15+\Sigma R)$	0.77					
标准依据	《四川省居住建筑节能设计标准》DB 51/5027—2019 第 5.1.1 条					
标准要求	K 应满足标准中表 5.1.1-2 的规定($K\leqslant$0.35)					
结论	不满足					

桑都村三号宅屋顶热工性能计算表　　表 5-12

材料名称（由上到下）	厚度 δ	导热系数 λ	蓄热系数 S	修正系数	热阻 R	热惰性指标
	(mm)	W/(m·K)	W/(m²·K)	α	(m²·K)/W	$D=R\times S$
夯实黏土(ρ=2000)	150	1.160	12.990	1.00	0.129	1.680
干草	45	0.047	0.830	1.00	0.957	0.795
稻壳	75	0.060	1.020	1.00	1.250	1.275
橡树、枫树(热流方向垂直木纹)	70	0.170	4.900	1.00	0.412	2.018
各层之和Σ	340	—	—	—	2.749	5.767
外表面太阳辐射吸收系数	0.75[默认]					
传热系数 $K=1/(0.19+\Sigma R)$	0.34					
标准依据	《四川省居住建筑节能设计标准》DB 51/5027—2019 第 5.1.1 条					
标准要求	K 应满足标准中表 5.1.1-2 的规定($K\leqslant0.35$)					
结论	满足					

（3）门窗

门窗是建筑热能流失的主要途径之一，也是自然光和通风的重要途径。川西北高寒地区传统土木结构建筑的门窗为木质门窗，是易获取、易加工的绿色建材。传统土木结构建筑的门窗由于施工方法以及建材的特性等原因，其规格普遍偏小且窗口数量较少，导致采光不足且通风效果差，白天也需要人工照明才能满足生活需求。为减少建筑热损失，布瓦寨及桑都村三栋住宅所测绘的窗地比均偏小，且窗口密封不严，导致热量随空气对流散失。当地也有不少民居将木窗框更换为塑钢窗框及单层玻璃，从分析来看，保温隔热效果弱于传统木窗框，建筑绿色性降低（门窗节能分析见表 5-13、表 5-14）。

布瓦寨一号宅门窗热工性能计算表　　表 5-13

楼层	房间编号	房间功能	外窗材料	外窗 K 限值	朝向	外窗编号	外窗面积	外窗 K	窗墙 K 结论
1	1002	起居室	单层木（塑料）窗（上限）	2.20	北向	C0608	0.54	4.70	不满足
	1004	起居室		2.20	北向	C0608	0.54	4.70	不满足
	1005	起居室		2.20	西向	C0608	0.54	4.70	不满足
	1006	起居室		2.20	北向	C0608	0.54	4.70	不满足
						C0608	0.54	4.70	不满足
	1007	起居室		2.20	东向	C0608	0.54	4.70	不满足
	1010	起居室		2.20	东向	C0608	0.54	4.70	不满足
	1011	起居室		2.20	东向	C0608	0.54	4.70	不满足
	2002	起居室		1.80	上		8.28	4.70	不满足
标准依据	《四川省居住建筑节能设计标准》DB 51/5027—2019 第 5.1.3 条								
标准要求	不同朝向外窗其传热系数应符合标准中表 5.1.3 的规定								
结论	不满足								

注：达标时只列出一个房间，不达标时列出全部不达标房间。

布瓦寨二号宅门窗热工性能计算表　　表 5-14

楼层	房间编号	房间功能	外窗材料	外窗 K 限值	朝向	外窗编号	外窗面积	外窗 K	窗墙 K 结论
1	1001	起居室	单层木（塑料）窗（上限）	2.20	西向	C0811	0.94	4.70	不满足
	1004	起居室		2.20	西向	C0811	0.94	4.70	不满足
	1006	起居室		2.20	西向	C0811	0.94	4.70	不满足
2	2003	起居室		2.20	西向	C1416	2.24	4.70	不满足
标准依据			《四川省居住建筑节能设计标准》DB 51/5027—2019 第 5.1.3 条						
标准要求			不同朝向外窗其传热系数应符合标准中表 5.1.3 的规定						
结论			不满足						

注：达标时只列出一个房间，不达标时列出全部不达标房间。

5. 温度分析

布瓦寨外部气温在 2021 年 12 月 17 日～2022 年 3 月 31 日期间最低温度－5.3℃，最高温度 25.3℃，平均温度 3.71℃。从图 5-72 可以看出，布瓦寨每日温度最低点分布在 6：00～8：00，每日温度最高点分布在 14：00～16：00，日平均最高气温 7.39℃，日平均最低气温 1.84℃。以每 10 天为一个时间段计算该时间段的平均温度，从图 5-73 可以看出，在统计时间内布瓦寨从 12 月中旬至 2 月中旬气温有小范围波动，波动范围在 2℃以内，3 月上旬气温回升至 8℃左右，3 月中旬气温又有所回落，至 3 月下旬气温又有所上升。根据统计结果，布瓦寨在 12 月中旬至 2 月下旬是最冷时段，进入 3 月后气温开始恢

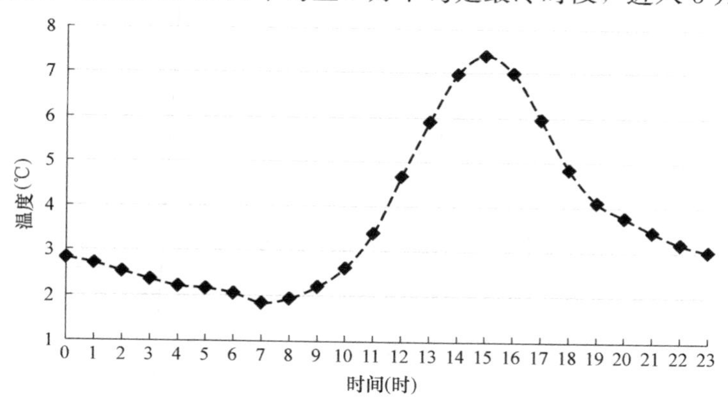

图 5-72　布瓦寨 2021 年 12 月 17 日～2022 年 3 月 31 日逐时平均温度变化图

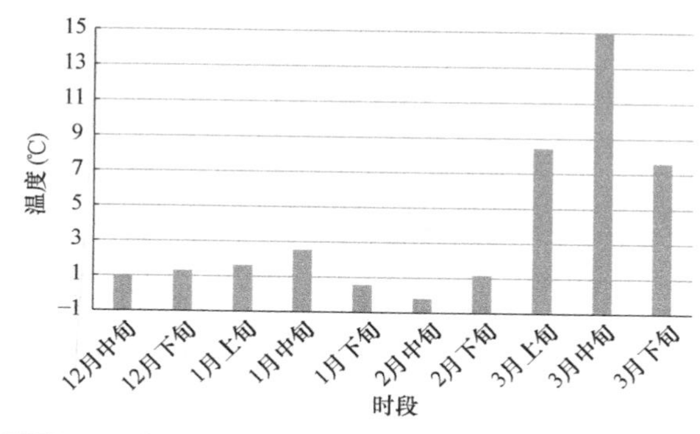

图 5-73　布瓦寨 2021 年 12 月 17 日～2022 年 3 月 31 日分时段平均温度变化图

复上升。

以气温>10℃为热时，气温≤10℃为冷时，本次冷时热时统计时长共计151200min，布瓦寨室内冷时时长达到128160min，热时时长达到23040min，室内冷时占比达到总时长的84.76%。从图5-74可以看出，布瓦寨一号宅室内温度变化较小，经常处在冷时状态，冷时平均温度4.10℃，热时平均温度12.76℃。

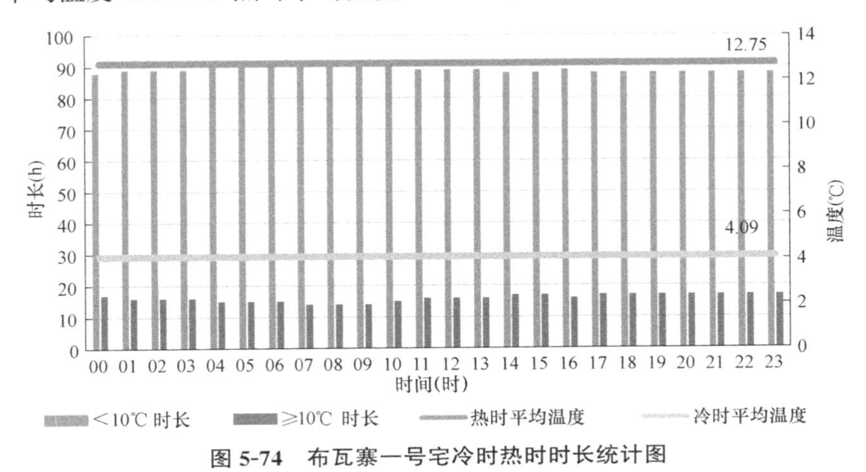

图5-74　布瓦寨一号宅冷时热时时长统计图

5.5　木结构传统民居采暖能耗分析

为了更清楚地了解川西北高寒地区木结构建筑的采暖能耗现状，课题组对阿坝藏族羌族自治州的汶川县、茂县、黑水县和甘孜藏族自治州的泸定县、康定市、雅江县、理塘县、新龙县、甘孜县、色达县、壤塘县、炉霍县、道孚县、丹巴县、马尔康市等地区进行了调研，再结合相关文献对川西北高寒地区木结构民居进行分析，最后选取炉霍县传统木结构民居进行测绘与数据采集，并分析其采暖能耗，为后期改造提升设计研究提供依据。

5.5.1　民居概况

1. 瓦达村一号宅

瓦达村一号宅为框架式崩科，建筑共两层，整体平面矩形，屋顶为十字歇山顶式样。一层局部为石砌墙体，二层均为木墙。北面为双层墙结构，最外面整体为石砌，内部也用木板隔墙，所有墙体均不承重，只起围护作用。一层建筑面积341.88m^2，二层建筑面积298.68m^2。一层主要为餐厨、储藏、主人居室（图5-75），二层现为民宿客房（图7-76）。建筑临近国道350，建筑周围并无遮挡，采光良好（图5-77～图5-81）。

2. 朱倭村二号宅

朱倭村二号住宅修建于2005年左右，与瓦达村一号宅相似，为木框架结构承重体系，屋顶采用十字歇山顶做法（图5-83、图5-84）。半圆木搭接重叠嵌固形成的崩科墙体不承重，只起到分隔围护的作用，转角处的柱子采用三柱，崩科墙伸出的部分夹在柱间，形成崩科“耳朵”（图5-84）。民居平面采用L形布局（图5-82），走廊连接着卧室、洗衣房、厨房、

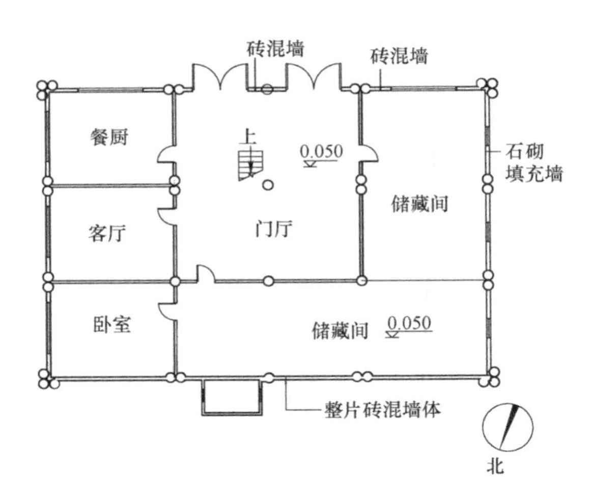

图 5-75　瓦达村一号宅 1F

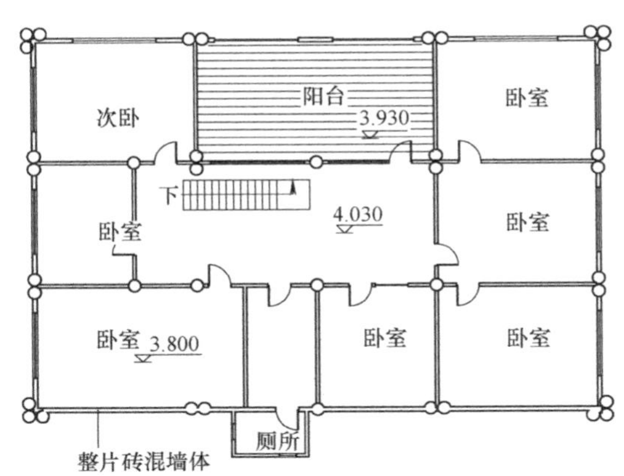

图 5-76　瓦达村一号宅 2F

图 5-77　瓦达村一号宅正立面

图 5-78　瓦达村一号宅整体外观

图 5-79　瓦达村一号宅卧室

图 5-80　瓦达村一号宅楼梯

图 5-81　瓦达村一号宅客厅

客厅，尽端布置有客厅、主卧、厨房（图 5-85）等较大的功能房间。室内地面高于地坪 1.67m（图 5-87），室内局部向阳面采用大面积玻璃材质，以便更好得热。下部架空层用砌块填充。室内净高 3.9m，未做吊顶，内部房间用轻质木隔墙分隔（图 5-86）。

3. 大屯村三号宅

大屯村三号住宅是位于大屯村的穿斗式木结构建筑，已有 30 年的建造历史。建筑面积约 84m^2，长约 12m，宽约 7m，上部木结构建筑高度约 5.2m。该建筑内部有五间房间，分为四间卧室和一间会客厅（图 5-88）。柱子之间无通长的穿坊，而是在每两柱之间用短枋连接（图 5-89～图 5-94）。

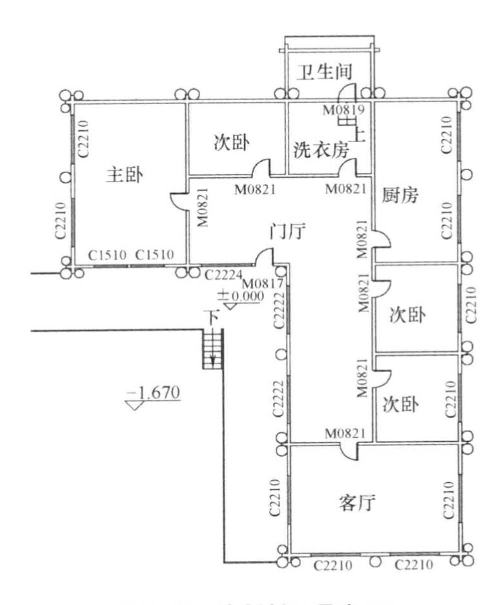

图 5-82　朱倭村二号宅 1F

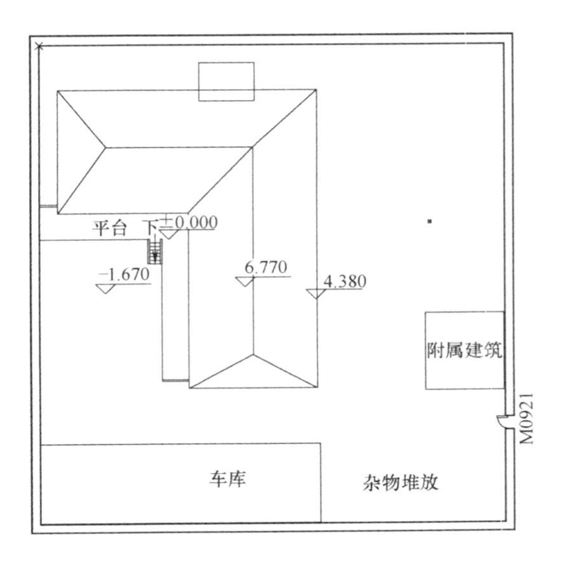

图 5-83　朱倭村二号宅屋顶

图 5-84　朱倭村二号宅正立面

图 5-85　朱倭村二号宅 1-1 剖面图

图 5-86　朱倭村二号宅室内

图 5-87　朱倭村二号宅入户门

5.5.2　采暖能耗现状分析

1. 民居选址情况

从选址来看，调研的三栋民居中除了大屯村三号宅外，另外两处民居均位于高寒地区

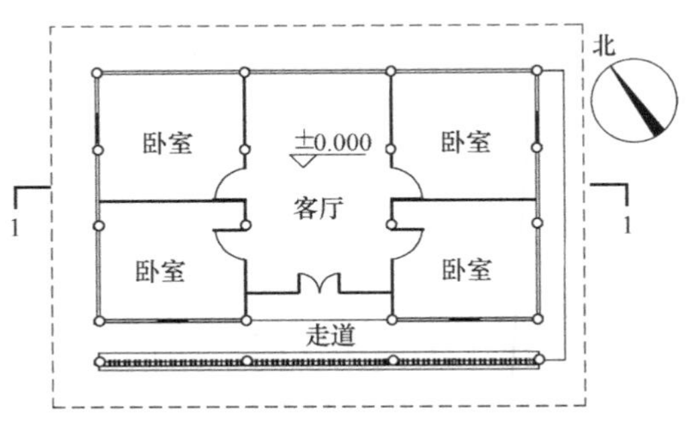

图 5-88　大屯村三号宅 1F

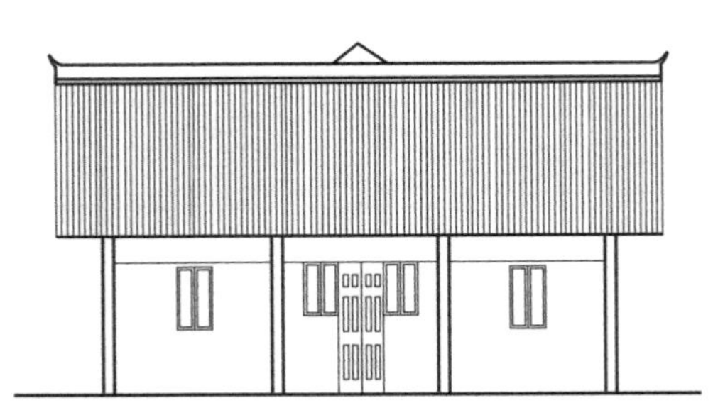

图 5-89　大屯村三号宅立面图

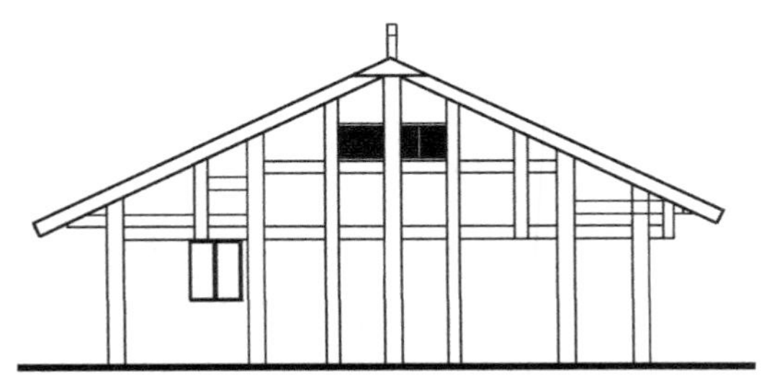

图 5-90　大屯村三号宅剖面图

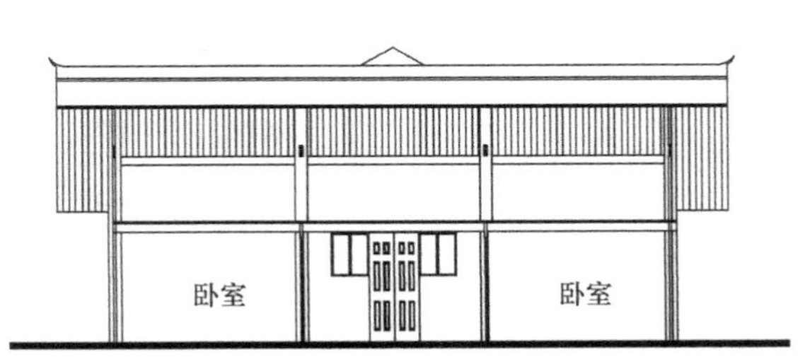

图 5-91　大屯村三号宅正立面

图 5-92　大屯村三号宅外观（一）

图 5-93　大屯村三号宅外观（二）

图 5-94　大屯村三号宅构造节点

开阔的河谷地带，常年寒风侵袭（表 5-15）。由于木材自身存在热胀冷缩的物理特性，木结构建筑的保温、结构、室内外微气候等都受到一定的影响。

川西高寒地区部分民居选址情况　　表 5-15

住宅	选址示意图	选址分析
瓦达村一号宅选址		瓦达村一号宅位于炉霍县虾拉沱镇国道 350 路旁，位于开阔河谷地带，属于高原季风气候，依雅砻江一级支流鲜水河岸修建，附近建筑布局较为零散，建筑周围并无遮挡，视野开阔，交通，采光通风条件良好

续表

住宅	选址示意图	选址分析
朱倭村二号宅选址		朱倭村二号宅位于炉霍县朱倭乡朱倭村国道317路旁，依雅砻江支流达曲河岸修建，建筑平面呈L形，建筑前后无遮挡，视野开阔
大屯村三号宅选址		大屯村三号宅住宅位于黑水县213国道旁，临近岷江，村落内部建筑密集，建筑平面呈长条形，前后建筑存在一定遮挡关系，但由于此住宅位于聚落内部，对于寒风也有一定的前后遮挡

2. 建筑朝向

本次分析的三栋木结构民居所处区域在气候分区上均属于寒冷地区。如图5-95所示，建筑最有利朝向为南偏东约20°，建筑最不利朝向为东偏北20°，大屯村三号宅建筑朝向为南偏西约43°，处于最佳与最差之间，建筑未能通过朝向使建筑获得更多的太阳能辐射。如图5-96所示，甘孜藏族自治州建筑最佳朝向约为南偏东2°～3°，最不利朝向为东偏北2.5°，而朱倭村二号宅朝向为南偏西45°，建筑朝向未能给建筑带来较好的日照采光；瓦达村一号宅朝向为南偏东11°，与其最佳朝向只偏差8°左右，建筑处于有利朝向。

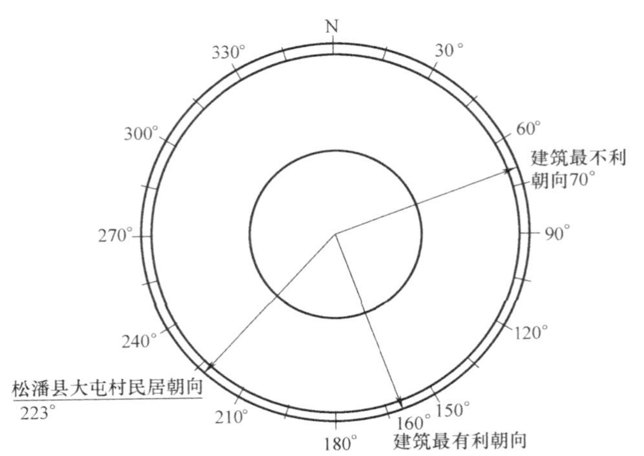

图 5-95　阿坝藏族羌族自治州测绘建筑朝向分析

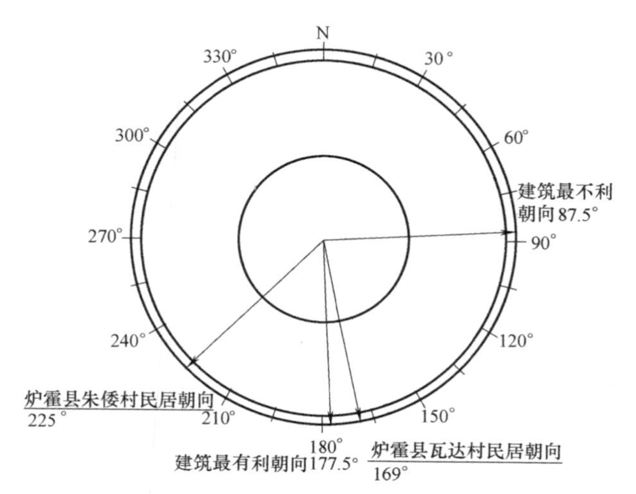

图 5-96　甘孜藏族自治州测绘建筑朝向分析

调研的炉霍县全年白天平均温度 17℃，夜间年平均温度 1℃，松潘县全年白天平均温度 18℃，夜间年平均温度 4℃。可以看出，三栋民居所在区域整体温度较低，昼夜温差较大，对建筑的保暖性具有较大影响。为增加民居的日照得热，减少建筑能耗，可尽量采用被动采暖方式，减少不利朝向的开窗，增强背阴面墙体隔热性能，提高屋顶隔热性能。以松潘县大屯村三号宅为例，可适当利用东、南立面的太阳辐射来提供室内辐射得热，西面和北面减少建筑开窗面积，并适当增加其墙体的保温性能。

从瓦达村一号宅朝向分析可以看出（图 5-97），其在冬季能获得充足的太阳辐射。瓦达村一号宅南立面在冬季受太阳辐射最多，东西两个立面次之，北面最少。目前，二层为主要居室，南侧布局依次为卧室、生活阳台、卧室，布局合理；北侧太阳辐射较弱，为阻止高原横风，北侧整面墙体为混凝土实墙，除东北角和西北角的卧室外，正中布置厕所，开小窗，布局合理。但南侧的生活阳台目前仅为开敞的过渡空间，没有发挥更好的功能用途，可将其改造为玻璃阳光房，既满足蓄热，也对客厅内的采光、居住舒适性有一定的改善。

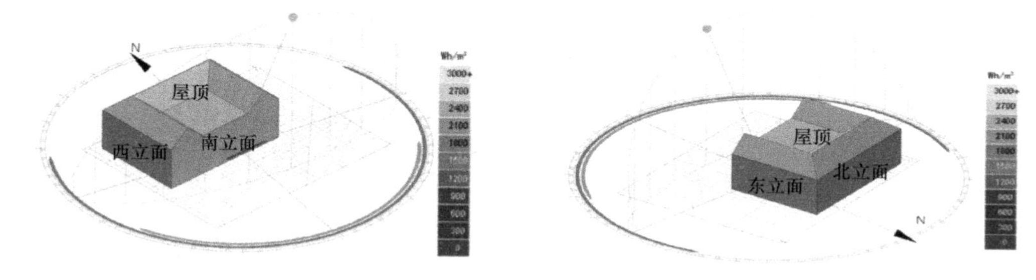

图 5-97　瓦达村一号宅 10 月～3 月 8：00～18：00 日均太阳辐射分析

从朱倭村二号宅朝向分析可以看出（图 5-98），其在冬季能获得的太阳辐射较少。朱倭村二号宅南立面和东立面是建筑的两个主要立面，但模拟太阳辐射分析的太阳辐射较少。但居民为争取更多的太阳辐射，在南立面和东立面开设了大面积玻璃墙，并在玻璃墙后设置了保温窗帘，避免夜晚热量散失。同时将主要生活用房靠西北面设置，东南面的

"L" 形门厅便成了集热房，可以避免主要居室过热。洗衣房、厨房、卫生间等辅助性用房布置在西北角，功能布局相对合理。

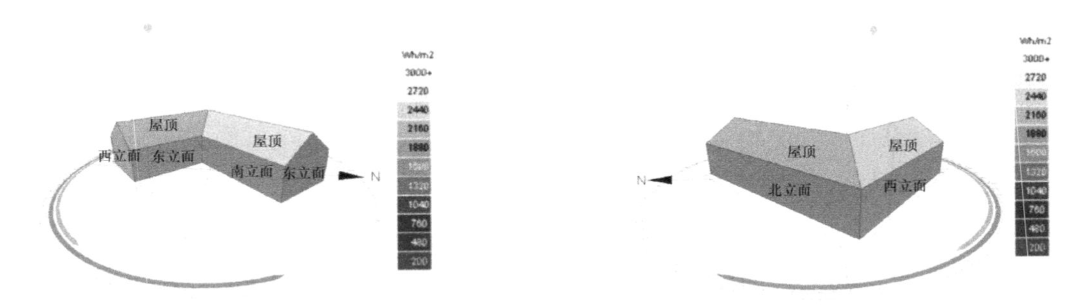

图 5-98　朱倭村二号宅 10 月～3 月 8：00～18：00 日均太阳辐射分析

从大屯村三号宅朝向分析可以看出（图 5-99），其在冬季能获得的太阳辐射较多。大屯村三号宅南立面和东立面是建筑的两个主要立面，通过太阳辐射得热也最多。大屯村三号宅功能布局上全是主要生活居室，南侧和东侧开设较大窗户以争取最多日照，西侧和北侧开窗相对少，减少了热量散失。从建筑朝向及开窗来看，整栋建筑在冬季能获得较强的太阳辐射，使室内达到相对舒适的温度。

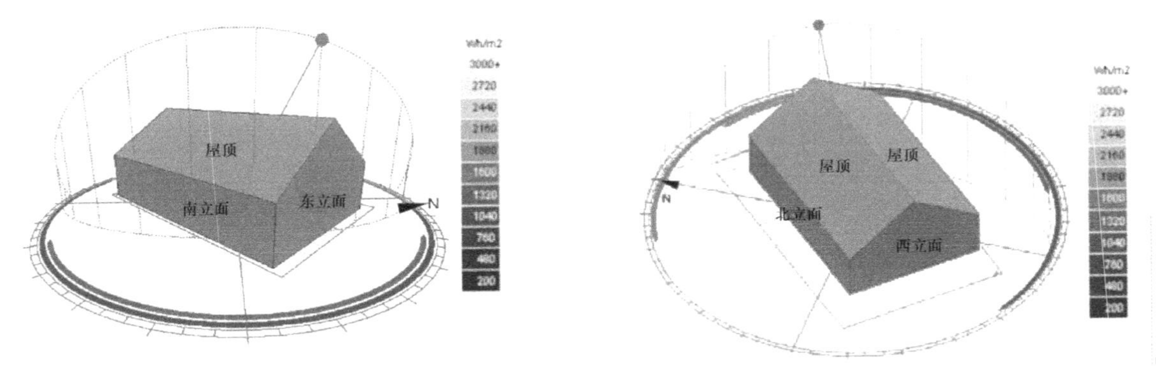

图 5-99　大屯村三号宅 10 月～3 月 8：00～18：00 日均太阳辐射分析

3. 建筑体型

从前面石木结构与土木结构民居体型系数分析来看，建筑物单位面积对应的外表面积大小与热损失大小有着密切的关系，本次也对测试的三栋木结构民居的建筑体型进行了研究，其具体情况如表 5-16。

调研测绘住宅体型系数　　表 5-16

住宅	建筑表面积(m^2)	建筑体积(m^3)	体型系数	是否小于 0.57
瓦达村一号住宅	969.54	2435.73	0.398	是
朱倭村二号住宅	973.02	1203.91	0.808	否
大屯村三号住宅	247.3	401.92	0.615	否

调研测绘的三栋木结构民居中，有两栋的体型系数大于标准，可以看出其建筑整体的保温性能存在不足之处。

4. 围护结构

建筑围护结构是建筑与外界直接接触的界面，是室内温度与外界交换的介质，因此建筑围护结构所使用材料的性能与尺寸可直接影响建筑的保温隔热性能，是影响建筑能耗的重要因素之一。

（1）外墙体

从前面分析可以看出，木墙体所占木建筑外围护结构的比例最大。仅从材料性能来看，木材导热系数小，明显小于石材、夯土等材质，具有良好的保温隔热性能。为进一步了解木墙体的热工性能，本次研究使用绿建斯维尔软件模拟了测绘三栋建筑的做法，其墙体的热工性能相关指标计算结果如下（表 5-17）：

三栋民居建筑的外墙体传热系数 K 值都未能满足《四川省居住建筑节能设计标准》DB 51/5027—2019 的相关标准，但相较于石木、土木结构民居，木墙体仍然体现出更加优异的保温隔热性能。

民居外墙热工性能计算表　　　　表 5-17

瓦达村一号宅北立面石木外墙热工性能计算表						
材料名称（由外到内）	厚度 δ (mm)	导热系数 λ [W/(m·K)]	蓄热系数 S [W/(m²·K)]	修正系数 α	热阻 R [(m²·K)/W]	热惰性指标 $D=R\times S$
夯实黏土(ρ=2000)	60	1.160	12.990	1.00	0.052	0.675
砾石、石灰岩	240	2.040	18.030	1.00	0.118	2.121
松木、云杉(热流方向垂直木纹)	160	0.140	3.850	1.00	1.143	4.400
各层之和∑	460	—	—	—	1.313	7.196
传热系数 $K=1/(0.15+\sum R)$	0.68					
标准依据	《四川省居住建筑节能设计标准》DB 51/5027—2019 第 5.1.1 条					
标准要求	K 值应当符合标准中表 5.1.1-2 的要求($K\leqslant 0.45$)					
结论	不满足					

瓦达村一号宅底层石砌墙热工性能计算表						
材料名称（由外到内）	厚度 δ (mm)	导热系数 λ [W/(m·K)]	蓄热系数 S [W/(m²·K)]	修正系数 α	热阻 R [(m²·K)/W]	热惰性指标 $D=R\times S$
夯实黏土(ρ=2000)	60	1.160	12.990	1.00	0.052	0.675
砾石、石灰岩	180	2.040	18.030	1.00	0.088	1.587
各层之和∑	240	—	—	—	0.140	2.262
传热系数 $K=1/(0.15+\sum R)$	3.45					
标准依据	《四川省居住建筑节能设计标准》DB 51/5027—2019 第 5.1.1 条					
标准要求	K 值应当符合标准中表 5.1.1-2 的要求($K\leqslant 0.45$)					
结论	不满足					

瓦达村一号宅木外墙热工性能计算表						
材料名称（由外到内）	厚度 δ (mm)	导热系数 λ [W/(m·K)]	蓄热系数 S [W/(m²·K)]	修正系数 α	热阻 R [(m²·K)/W]	热惰性指标 $D=R\times S$
松木、云杉(热流方向垂直木纹)	160	0.140	3.850	1.00	1.143	4.400

续表

瓦达村一号宅木外墙热工性能计算表						
材料名称 (由外到内)	厚度 δ (mm)	导热系数 λ [W/(m·K)]	蓄热系数 S [W/(m²·K)]	修正系数 α	热阻 R [(m²·K)/W]	热惰性指标 $D=R\times S$
各层之和Σ	160	—	—	—	1.143	4.400
传热系数 $K=1/(0.15+\Sigma R)$	0.77					
标准依据	《四川省居住建筑节能设计标准》DB 51/5027—2019 第 5.1.1 条					
标准要求	K 值应当符合标准中表 5.1.1-2 的要求($K\leqslant 0.45$)					
结论	不满足					

朱倭村二号宅外墙热工性能计算表						
材料名称 (由外到内)	厚度 δ (mm)	导热系数 λ [W/(m·K)]	蓄热系数 S [W/(m²·K)]	修正系数 α	热阻 R [(m²·K)/W]	热惰性指标 $D=R\times S$
松木、云杉(热流方向垂直木纹)	120	0.140	3.850	1.00	0.857	3.300
各层之和Σ	120	—	—	—	0.857	3.300
传热系数 $K=1/(0.15+\Sigma R)$	0.99					
标准依据	《四川省居住建筑节能设计标准》DB 51/5027—2019 第 5.1.1 条					
标准要求	K 值应当符合标准中表 5.1.1-2 的要求($K\leqslant 0.45$)					
结论	不满足					

大屯村三号宅外墙热工性能计算表						
材料名称 (由外到内)	厚度 δ (mm)	导热系数 λ [W/(m·K)]	蓄热系数 S [W/(m²·K)]	修正系数 α	热阻 R [(m²·K)/W]	热惰性指标 $D=R\times S$
松木、云杉(热流方向垂直木纹)	60	0.140	3.850	1.00	0.429	1.650
各层之和Σ	60	—	—	—	0.429	1.650
传热系数 $K=1/(0.15+\Sigma R)$	1.73					
标准依据	《四川省居住建筑节能设计标准》DB 51/5027—2019 第 5.1.1 条					
标准要求	K 值应当符合标准中表 5.1.1-2 的要求($K\leqslant 0.45$)					
结论	不满足					

（2）屋顶

由于测绘选取的三栋木结构民居都是坡屋顶结构，其坡屋顶的做法为使用房间提供了空气间层，起到良好的保温隔热作用，故三栋建筑的屋顶热工性能都能满足节能要求（表 5-18）。

木结构民居屋顶热工性能计算表 **表 5-18**

瓦达村一号宅屋顶热工性能计算表						
材料名称 (由上到下)	厚度 δ (mm)	导热系数 λ [W/(m·K)]	蓄热系数 S [W/(m²·K)]	修正系数 α	热阻 R [(m²·K)/W]	热惰性指标 $D=R\times S$
机制水泥瓦	40	1.740	17.070	1.00	0.023	0.392
夯实黏土($\rho=2000$)	40	1.160	12.990	1.00	0.034	0.448
松木、云杉(热流方向垂直木纹)	50	0.140	3.850	1.00	0.357	1.375

续表

瓦达村一号宅屋顶热工性能计算表						
材料名称（由上到下）	厚度 δ (mm)	导热系数 λ [W/(m·K)]	蓄热系数 S [W/(m²·K)]	修正系数 α	热阻 R [(m²·K)/W]	热惰性指标 $D=R\times S$
空气层	300	0.023	0	1.00	13.043	0
松木、云杉(热流方向垂直木纹)	320	0.140	3.850	1.00	2.286	8.000
各层之和$\sum$	750	—	—	—	15.743	17.498
传热系数 $K=1/(0.15+\sum R)$	0.06					
标准依据	《四川省居住建筑节能设计标准》DB 51/5027—2019 第 5.1.1 条					
标准要求	K 值应当符合标准中表 5.1.1-2 的要求($K\leqslant 0.35$)					
结论	满足					

朱倭村二号宅屋顶热工性能计算表						
材料名称（由上到下）	厚度 δ (mm)	导热系数 λ [W/(m·K)]	蓄热系数 S [W/(m²·K)]	修正系数 α	热阻 R [(m²·K)/W]	热惰性指标 $D=R\times S$
机制水泥瓦	40	1.740	17.070	1.00	0.023	0.392
夯实黏土($\rho=2000$)	40	1.160	12.990	1.00	0.034	0.448
松木、云杉(热流方向垂直木纹)	50	0.140	3.850	1.00	0.357	1.375
空气间层	300	0.023	0	1.00	13.043	0
松木、云杉(热流方向垂直木纹)	320	0.140	3.850	1.00	2.286	8.000
各层之和$\sum$	750	—	—	—	15.743	17.498
传热系数 $K=1/(0.15+\sum R)$	0.06					
标准依据	《四川省居住建筑节能设计标准》DB 51/5027—2019 第 5.1.1 条					
标准要求	K 值应当符合标准中表 5.1.1-2 的要求($K\leqslant 0.35$)					
结论	满足					

大屯村三号宅屋顶热工性能计算表						
材料名称（由上到下）	厚度 δ (mm)	导热系数 λ [W/(m·K)]	蓄热系数 S [W/(m²·K)]	修正系数 α	热阻 R [(m²·K)/W]	热惰性指标 $D=R\times S$
夯实黏土($\rho=2000$)	40	1.160	12.990	1.00	0.034	0.448
空气间层	650	0.023	0	1.00	28.261	0
松木、云杉(热流方向垂直木纹)	20	0.140	3.850	1.00	0.143	0.550
各层之和$\sum$	710	—	—	—	28.438	0.998
传热系数 $K=1/(0.15+\sum R)$	0.04					
标准依据	《四川省居住建筑节能设计标准》DB 51/5027—2019 第 5.1.1 条					
标准要求	K 值应当符合标准中表 5.1.1-2 的要求($K\leqslant 0.35$)					
结论	满足					

（3）外窗

根据调研现状，大屯村三号宅和瓦达村一号宅的二楼使用窗框为木窗框，瓦达村一号宅底层和朱倭村二号宅采用的是塑料窗框；窗扇使用的材质为普通双玻璃材质。从模拟的三栋民居外窗的传热系数结果来看，其窗户都未能满足标准要求的限值（表 5-19）。

木结构民居外窗热工性能计算表 **表 5-19**

瓦达村一号宅外窗热工性能计算表

楼层	房间编号	房间功能	外窗 *K* 限值	朝向	外窗编号	外窗面积（m^2）	构造编号	外窗 *K*	窗墙 *K* 结论
1	1001	起居室	1.80	南向	C3113	4.18	18	4.70	不满足
				西向	C0910	0.92	18	4.70	不满足
					C0910	0.92	18	4.70	不满足
					C0910	0.92	18	4.70	不满足
	1003	起居室	2.20	东向	C2510	2.50	18	4.70	不满足
	1004	起居室	2.20	东向	C2510	2.50	18	4.70	不满足
	1005	起居室	1.80	东向	C2510	2.50	18	4.70	不满足
				南向	C3113	4.19	18	4.70	不满足
	1006	起居室	2.20	东向	C0606	0.36	18	4.70	不满足
				西向	C0606	0.36	18	4.70	不满足
2	2001	起居室	1.80	南向	C3520	7.00	18	4.70	不满足
					C2220	4.54	18	4.70	不满足
	2002	起居室	2.20	东向	C2510	2.50	18	4.70	不满足
	2003	起居室	1.80	南向	C3113	4.19	18	4.70	不满足
				西向	C2510	2.50	18	4.70	不满足
	2004	起居室	1.80	东向	C2510	2.50	18	4.70	不满足
				南向	C3113	4.19	18	4.70	不满足
	2005	起居室	2.20	西向	C2510	2.50	18	4.70	不满足
	2006	起居室	2.20	西向	C2510	2.50	18	4.70	不满足
	2008	起居室	2.20	东向	C2510	2.50	18	4.70	不满足
	2010	起居室	2.20	东向	C0606	0.36	18	4.70	不满足
				北向	C0606	0.36	18	4.70	不满足
标准依据			《四川省居住建筑节能设计标准》DB 51/5027—2019 第 5.1.3 条						
标准要求			不同朝向外窗传热系数应符合标准中表 5.1.3 的规定						
结论			不满足						

朱倭村二号宅外窗热工性能计算表

楼层	房间编号	房间功能	外窗 *K* 限值	朝向	外窗编号	外窗面积（m^2）	构造编号	外窗 *K*	窗墙 *K* 结论
1	1001	起居室	1.80	西向	C2224	5.57	18	3.90	不满足
				北向	C2222	4.95	18	3.90	不满足
					C2222	4.95	18	3.90	不满足
	1002	起居室	1.80	南向	C2210	2.43	18	3.90	不满足
				西向	C2210	2.43	18	3.90	不满足
					C2210	2.43	18	3.90	不满足
				北向	C2210	2.43	18	3.90	不满足

续表

朱倭村二号宅外窗热工性能计算表									
楼层	房间编号	房间功能	外窗 *K* 限值	朝向	外窗编号	外窗面积（m^2）	构造编号	外窗 *K*	窗墙 *K* 结论
1	1003	起居室	1.80	西向	C1510	1.63	18	3.90	不满足
					C1510	1.63	18	3.90	不满足
				北向	C2210	2.43	18	3.90	不满足
					C2210	2.43	18	3.90	不满足
	1004	起居室	2.20	南向	C2210	2.43	18	3.90	不满足
					C2210	2.43	18	3.90	不满足
	1005	起居室	2.20	南向	C2210	2.43	18	3.90	不满足
	1006	起居室	2.20	南向	C2210	2.43	18	3.90	不满足
标准依据			《四川省居住建筑节能设计标准》DB 51/5027—2019 第 5.1.3 条						
标准要求			不同朝向外窗传热系数应符合标准中表 5.1.3 的规定						
结论			不满足						

大屯村三号宅外窗热工性能计算表									
楼层	房间编号	房间功能	外窗 *K* 限值	朝向	外窗编号	外窗面积（m^2）	构造编号	外窗 *K*	窗墙 *K* 结论
1	1002	起居室	2.20	东向	C2220	4.40	18	3.90	不满足
	1003	起居室	2.20	西向	C2220	4.40	18	3.90	不满足
	1004	起居室	2.20	东向	C2220	4.40	18	3.90	不满足
	1005	起居室	2.20	西向	C2220	4.40	18	3.90	不满足
2	2002	起居室	2.20	西向	C2220	4.40	18	3.90	不满足
	2003	起居室	2.20	东向	C2220	4.40	18	3.90	不满足
	2004	起居室	2.20	东向	C2220	4.40	18	3.90	不满足
	2005	起居室	2.20	西向	C2220	4.40	18	3.90	不满足
3	3002	起居室	2.20	西向	C2220	4.40	18	3.90	不满足
	3003	起居室	2.20	东向	C1518	2.70	18	3.90	不满足
	3005	起居室	1.80	东向	C1214	1.68	18	3.90	不满足
				南向	C0406	0.29	18	3.90	不满足
				西向	C0406	0.29	18	3.90	不满足
标准依据			《四川省居住建筑节能设计标准》DB 51/5027—2019 第 5.1.3 条						
标准要求			不同朝向外窗传热系数应符合标准中表 5.1.3 的规定						
结论			不满足						

5. 温度分析

为了解选取的三栋民居在当前条件下室内温度随室外温度变化情况，选用了华汉维 TH20R-EX（室外）、TH20R 温湿度记录仪对瓦达村一号宅进行定点测量（图 5-100、图 5-101），其 2021 年 12 月 7 日～3 月 3 日期间采集的温度数据如图 5-102、图 5-103 所示。

图 5-100　室内测温设备安放

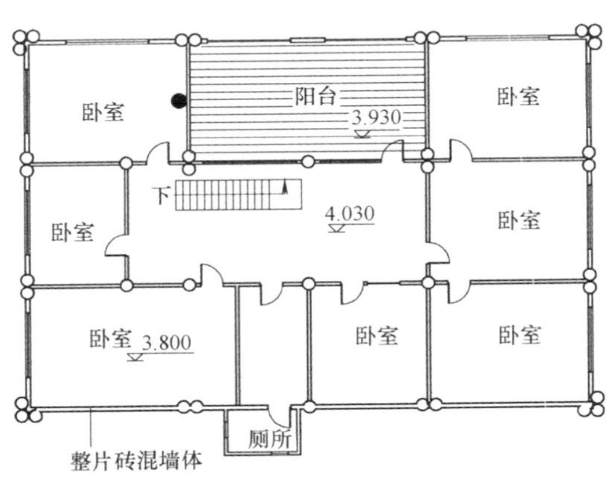

图 5-101　瓦达村一号宅室内测温点

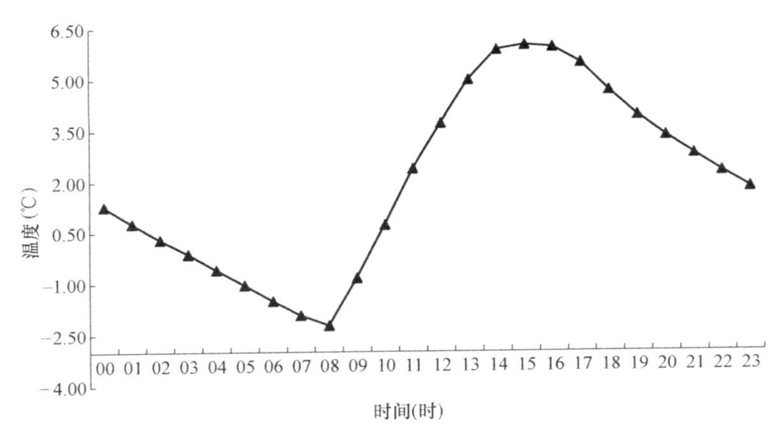

图 5-102　2021 年 12 月 7 日～2022 年 3 月 3 日瓦达村室外平均气温时刻变化

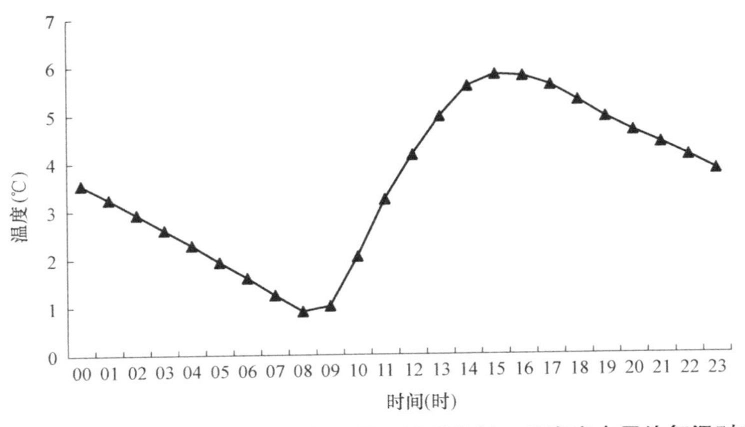

图 5-103　2021 年 12 月 7 日～2022 年 3 月 3 日瓦达村一号宅室内平均气温时刻变化

从图 5-102、图 5-103 可以看出，瓦达村室外气温在 2021 年 12 月 7 日～2022 年 3 月 3 日，最低温度−4℃，最高温度 11.2℃，平均温度 3.58℃。室内和室外的最低温度均集中在每日 8：00～9：00，最高温度均集中在每日 15：00～17：00。以气温≤10℃为冷时，从图 5-104、图 5-105 可以看出，瓦达村一号宅从 12 月上旬至 12 月下旬气温逐渐降低，从 1 月上旬至 3 月上旬气温逐渐升高。根据统计结果，瓦达村一号宅较冷的时间段集中在 1 月、2 月。

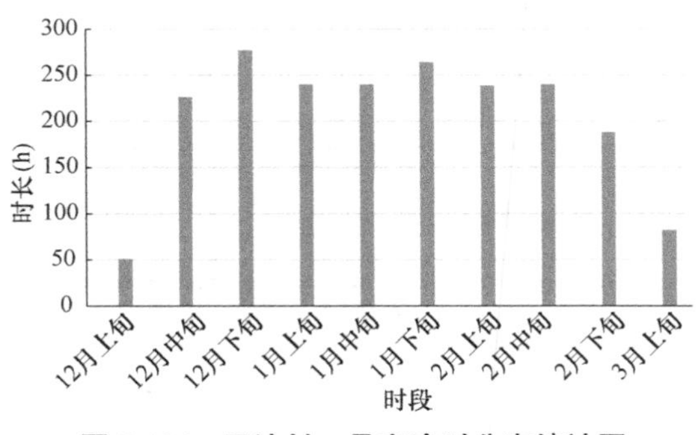

图 5-104　瓦达村一号宅冷时分布统计图

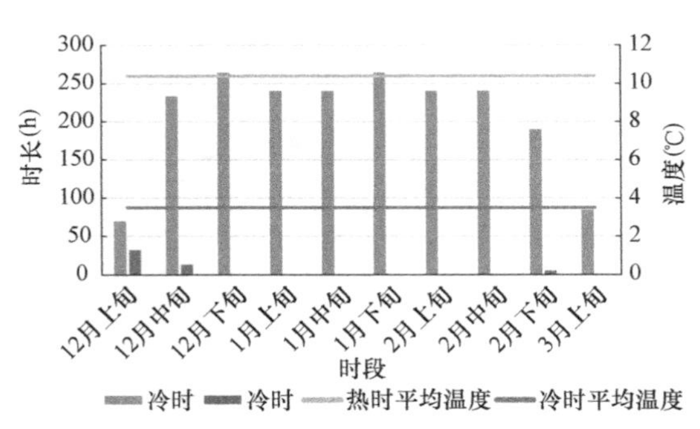

图 5-105　瓦达村一号宅冷时热时时长分布统计图

从以上三栋木结构民居建筑选址、朝向、体型、围护结构等方面的采暖能耗影响分析可以看出，木结构民居的采暖能耗相比石木结构与土木结构民居情况相对较好，但除了大面积木材墙体对采暖能耗的影响，很多木结构民居的围护石墙、夯土墙部分也对民居的采暖能耗产生影响，还需进一步优化提升。

第6章

川西北高寒地区传统民居热工性能提升研究

6.1 川西北高寒地区传统民居热工性能提升依据

6.1.1 《民用建筑热工设计规范》GB 50176—2016 解读

《民用建筑热工设计规范》GB 50176—2016 总则中指出，该规范为了民用建筑热工设计与地区气候相适应，保证室内基本的热环境要求，符合国家节能减排方针而制定的规范。川西北高寒地区民居热工改造提升设计也应该符合《民用建筑热工设计规范》GB 50176—2016 的要求。

该规范规定，当建筑最冷月平均气温小于等于−10℃且年平均气温小于等于 5℃的天数大于等于 145 天的地区，属于严寒地区，在进行建筑热工设计时，必须要满足冬季保温的要求，一般不考虑夏季防热。因此，川西北高寒地区民居热工提升设计时需重点考虑冬季保温的设计。该规范 4.2 条的内容对建筑保温设计要求做了明确规定，即建筑外围护结构应具有抵御冬季室外气温作用和气温波动的能力，非透光外围护结构内表面温度与室内空气温度的差值应控制在本规范允许范围内。建筑在冬季充分利用日照可以减少建筑对其他能源的利用，避开主导风向也可以减少建筑在季风时期带走的建筑热量的散失，因此，该规范也明确规定建筑物的总平面布置、平面和立面设计、门窗洞口设置应考虑冬季利用日照并避开冬季主导风向。为了使建筑物能更多地接收到建筑的日照，建筑物宜朝向南北或接近朝向南北；为减少建筑物外表面的散热，体型设计应减少外表面积，平、立面的凹凸不宜过多，以降低建筑的体型系数。因此，为了减少建筑散热，川西北高寒地区民居不宜设置开敞式楼梯间和开敞式外廊，出入口应设门斗或热风幕等避风设施，避免形成穿堂风带走室内的热量。该规范对于围护结构的改造也给出了采用蓄热性能好的墙体材料或相变材料复合在墙体内侧的两种方法。在门窗热工性能提升方面，该规范建议宜采用木窗、塑料窗、铝木复合门窗、铝塑复合门窗、钢塑复合门窗和断热铝合金窗等保温性能好的门窗。

6.1.2 《绿色建筑评价标准》GB/T 50378—2019 解读

《绿色建筑评价标准》GB/T 50378—2019 是为贯彻落实绿色发展理念，推进绿色建筑高质量发展，节约资源，保护环境，满足人们日益增长的美好生活需要而制定的。该标准在总则中指出，绿色建筑评价应遵循因地制宜的原则，结合建筑所在地域的气候、环境、资源、经济和文化等特点，对建筑全生命期内的安全耐久、健康舒适、生活便利、资源节约、环境宜居等性能进行综合评价。绿色建筑应结合地形地貌进行场地设计与建筑布局，与场地的气候条件和地理环境相适应，并应对场地的风环境、光环境、热环境、声环境等加以组织和利用。因此，在进行川西北高寒地区传统民居热工改造提升设计过程中，应尽量满足绿色建筑评价标准中的要求。该标准还提出从安全耐久、健康舒适、生活便利、资源节约、环境宜居、提高与创新这六个方面对建筑的绿色性进行评价。其中在健康舒适方面要求在室内设计温度、湿度条件下，建筑非透光围护结构内表面不得结露；供暖建筑的屋面、外墙内部不应产生冷凝；屋顶和外墙隔热性能应满足《民用建筑热工设计规范》GB 50176—2016 的相关要求。在资源节约方面，该标准提出应结合场地自然条件和建筑功能需求，对建筑的体型、平面布局、空间尺度、围护结构等进行节能设计，且应符合国家有关节能设计的要求；不应采用建筑形体和布置严重不规则的建筑结构；建筑造型要素应简约，应无大量装饰性构件，住宅建筑的装饰性构件造价占建筑总造价的比例不应大于 2%。在环境宜居方面，该标准要求建筑规划布局应满足日照标准，且不得降低周边建筑的日照标准。在提高与创新方面，采用适宜地区特色的建筑风貌设计，因地制宜传承地域建筑文化；合理选用废弃场地进行建设，或充分利用尚可使用的旧建筑，对于地处少数民居聚居的川西北高寒地区，在民居热工改造提升设计时，更应该遵循这一要求。

6.1.3 《严寒和寒冷地区居住建筑节能设计标准》JGJ 26—2018 解读

《严寒和寒冷地区居住建筑节能设计标准》JGJ 26—2018 是为贯彻国家有关节约能源、保护环境的法律、法规和政策，改善严寒和寒冷地区居住建筑的室内热环境，提高能源利用效率，促进可再生能源的建筑应用而制定的。根据设计标准，川西北高寒地区民居热工改造提升设计，需重点注意以下几方面内容：一是单体建筑的平面、立面设计，应考虑冬季利用日照并避开冬季主导风向，建筑的出入口应考虑防风设计。二是小于三层的建筑体型系数不得大于 0.55，大于三层的建筑体型系数应不得大于 0.3。三是北向窗墙面积比不得大于 0.25，东西向窗墙面积比不得大于 0.3；南向窗墙面积比不得大于 0.45；当外窗（门）安装采用金属附框时，应对附框进行保温处理；外窗（门）框（或附框）与墙体之间的缝隙，应采用高效保温材料填堵密实，不得采用普通水泥砂浆补缝；外窗（门）洞口的侧墙面应做保温处理。四是外墙与屋面的热桥部位均应进行保温处理，并保证热桥部位的内表面温度不低于室内空气设计温、湿度条件下的露点温度，减少附加热损失；变形缝应采取保温措施，并应保证变形缝两侧墙的内表面温度在室内空气设计温、湿度条件下不低于露点温度。

6.1.4 《农村居住建筑节能设计标准》GB/T 50824—2013 解读

《农村居住建筑节能设计标准》GB/T 50824—2013 是为贯彻国家有关节约能源、保护环境的法规和政策，改善农村居住建筑室内热环境，提高能源利用效率而制定的。该标准在总则中明确表示，农村居住建筑的节能设计应结合气候条件、农村地区特有的生活模式、经济条件，采用适宜的建筑形式、节能技术措施以及能源利用方式，有效改善室内居住环境，降低常规能源消耗及温室气体的排放。因此，川西北高寒地区民居热工改造提升设计时，平面布局与立面设计应有利于冬季日照和防风；门窗洞口的开启位置应有利于自然采光和自然通风。宜采用保温性能好的围护结构构造形式，如外墙的传热系数不应大于0.5，屋面的传热系数不应大于0.4，吊顶的传热系数不应大于0.45，南向窗的传热系数不应大于2.2，其他方向窗及外门的传热系数不应大于2.0。围护结构保温材料宜就地取材，宜采用适于农村应用条件的当地产品。此外，还应选用保温性能和密闭性能好的门窗，不宜采用推拉窗，外门、外窗的气密性等级不应低于《建筑外门窗气密、水密、抗风压性能检测方法》GB/T 7106—2019 规定的 4 级。外窗宜增加保温窗帘等，出入口应采取必要的保温措施，宜设置门斗、双层门、保温门帘等。

6.2 民居热工性能提升

6.2.1 墙体提升方式

外墙是建筑外围护结构的重要组成部分，建筑与外界大部分的热量交换通过外墙完成，外墙表面积占比较大，通过外墙消耗的热量也占建筑总耗热量的40%左右。建筑保温是节能减排的重要途径，其中外墙保温体系可有效减少污染物排放，提升外墙的热工性能将有效降低建筑能耗（陈红兵等，2022）。为了提升外墙的保温性能，川西北高寒地区民居在长期适应环境的过程中，也通过不同方式对墙体采取了保温处理，以更好地降低采暖能耗。在传统石木结构及土木结构民居中，墙体厚度通常做到超过600mm，这种用黄土和石头砌筑的墙体自身具有蓄热系数高、热稳定性好的优点，能够有效抵御寒冷。为了增强墙体保温性能，人们还会在石墙表面抹一层泥土（图 6-1）。随着现代科技的不断进步和发展，出现很多新型建筑节能材料和现代营建技术，为了提升外墙热工性能，常有外保温、内保温、夹芯保温等方法。外墙外保温是在外墙外侧做保温层的做法，这种做法可以阻隔墙体内外界热环境之间的流通，减少室内空气温度的骤变，也不影响室内功能空间的利用，增加了室内舒适度，是保温改造设计经常选用的方式。但对于川西北高寒地区的传统民居来讲，外墙外保温对外墙装饰、施工及应对气候环境变化有很大的影响，不宜采用该种方式，不过也存在局部外墙外保温的营造手法，如道孚县、炉霍县及甘孜县一带的崩科式木结构民居中也常在其北侧增加一道土墙，以提高保温性能。外墙内保温是在外墙内侧做保温层的做法，因不影响建筑外观，工程造价比较低，施工也比较方便灵活，可整体也可局部，是普通民居常用的改造方式，也比较适宜川西北高寒地区传统民居改造，但需要注意因室内设计梁、柱、板等构件较为繁杂，冷热桥效应时有发生，易产生结露现象。而中空夹芯墙体保温则是运用现代材料对墙体进行填充的保温方式，墙体较厚，但抗震性不高，比较适宜新建房屋。

图 6-1　石木结构墙体

6.2.2 门窗提升方式

门窗是建筑物最直接的得热、失热部位，建筑通过窗户损失的热量约占全部的40%，门窗改造是建筑节能提升的重要环节。为了减少建筑热量散失，防止寒风侵袭，川西北高寒地区传统民居门窗开口较小或减少门窗设置。除了开口尺寸影响，门窗保温性能的因素还包括门窗框扇及玻璃材质。门窗采暖效果提升通常有以下几个要点。

1. 改变玻璃材料，增加得热、减少失热

常见的节能门窗的玻璃材料有吸热玻璃、中空玻璃、低辐射玻璃和普通玻璃四种。对于川西北高寒地区而言，更多需要增加得热、减少失热。中空玻璃因特殊的材质及组合，与普通玻璃相比，有明显的保温隔热性能，其导热系数可降低约40%。在高寒地区的冬季，双层玻璃内表面温度相对较高，由于空气层的热阻作用，可有效减少房间对外的热散失。相对于普通中空玻璃而言，低辐射玻璃、真空玻璃都具有更好的技能效果，更佳地环保、美观和舒适，但价格偏贵，在民居中普及性不强，更不适用于在川西北高寒地区推广（图6-2、图6-3）。

图6-2　木结构民居门窗实例

图6-3　石木结构民居门窗实例

2. 增加门窗框的阻热性能

除了玻璃材料的影响，窗框材料也是重要的影响因素，可通过提高窗框的传热阻降低窗体的传热量，与其他部件相互作用降低采暖能耗。从表6-1可以看出，窗框材料、玻璃层数、空气层厚度是影响窗框材料传热系数的主要因素，双层玻璃以及木、塑料制成窗框的窗户保温性能更好。

常见窗传热系数表　　表6-1

窗框材料	窗户类型	空气层厚度(mm)	传热系数[W/(m²·K)]
钢、铝	单层窗	0	6.4
	单框双玻璃窗	12	3.9
		16	3.7
		20～30	3.6
	双层窗	100～140	3.0
木、塑料	单层窗	0	4.7
	单框双玻璃窗	12	2.7
		16	2.6
		20～30	2.5
	双层窗	100～140	2.3

3. 增强门窗的气密性

完善的密封措施是保证建筑门窗气密性的关键因素。为保证建筑节能效果，建筑外门窗需要具有良好的气密性能，避免冬季或夏季室内外温差较大时，室内空气过多地向室外渗漏。为了提高外门窗的气密性，在其门窗框接合缝隙处应采取良好的密封措施。一般可采用有良好耐久性和弹性的密封条或密封胶对玻璃与四周窗框结合处进行全面密封。对于开启式外窗，要采用多道密封，各部位安装到位后应保证密封条处于压缩状态。

6.2.3 楼地面提升方式

除了前面提到的墙面和门窗，在严寒和寒冷地区，楼地面保温对建筑的采暖效果有明显的提升，主要在面层下设置保温层。一层平面（有架空层及地下室等除外）不需要考虑荷载情况下，保温层可选取施工方便、造价低廉的碎石、灰土作为保温层材料，面层可选用混凝土面层、珍珠岩砂浆面层或木地板铺装，对易返潮的地面需考虑防潮处理。对于二层以上的楼面均需承受一定的荷载，因此保温层需选择抗压强度较高的轻质材料，如挤塑聚苯板、硬泡聚氨酯等。在川西北高寒地区传统民居中，一层大多为储藏空间，为避免直接与地面冷气接触，住户的日常活动均在一楼以上进行，大部分楼面楼板为单层木板铺设，也有一些采用碎石、草泥夹杂其间作为保温层。

6.2.4 屋顶提升方式

屋顶是建筑围护结构的重要部位，提高屋面的保温隔热性能，防止冬季冷气渗透，是降低冬季建筑采暖能耗的重要措施。在民居建筑中，无论是平屋顶还是坡屋顶，都会设置保温层，平屋顶常在屋面结构层上放置保温层以达到保温效果，主要有正置式和倒置式两种。正置式做法是在屋顶防水层与结构层之间设置保温层，而倒置式保温屋面在防水层之上设置保温层的外隔热保温形式，抵挡了部分室外温。保温层主要设置在平屋顶结构层之上，而坡屋顶主要承担防水、防晒及防风等功能。川西北高寒地区传统民居在建造屋顶时，会将树枝、木屑、石子、泥土等材料均匀混合在一起形成屋顶的一层构造，这些材料获取便利，施工简便，在过去相当一段时间内都充当着屋顶保温层的作用。川西北高寒地区传统民居为提升屋顶的保温性能，常有在屋顶上加盖玻璃阳光房的做法，利用封闭玻璃阳光房形成的空气间层增强屋顶整体的保温效果，也有一些在平屋顶上加盖坡屋顶的做法以加强屋面的保暖性。

6.2.5 采暖提升方式

目前川西北高寒地区传统民居冬季基本靠燃烧木柴和动物粪便等采暖，少量有条件使用天然气、电等实现采暖，这些采暖方式能耗大、效率低，经济性不高，长期使用会对环境产生负担，基于川西北高寒地区太阳能资源丰富、地热资源丰富的特点，可以采用以下几种做法提升冬季采暖能效，降低采暖能耗。

太阳能是再生清洁能源的重要组成部分，我国具有丰富的太阳能资源，三分之二以上的地区日照时间超过 2000h，在川西北高寒地区，由于海拔较高，受冷高压影响，该区域天气以晴朗为主，年日照时间约 2400h，具有太阳能利用的良好条件。太阳能采暖技术主要利用太阳能集热器将太阳能收集起来作为热源，再通过储热水箱、供暖管道、散热设备等配套供暖设施，其中集热器是太阳能采暖系统的核心部件。相对于被动式太阳采暖，其供热工况更加稳定，系统也更加复杂，投入成本费用也增大，随着经济和社会的发展以及科技的进步，主动式太阳能采暖技术将更广泛地应用于普通民居。

此外，还有通过输入少量的高品位能源实现由低品位热能向高品位热能转移的地源热泵装置。其中以土壤作为热量蓄放区的土壤源热泵是较常见的方式，在我国一些水资源丰富的地区，可以将水作为低品位热能，使用地表水源热泵和地下水地源热泵采暖。

6.3　石木结构民居晴朗乡一号宅提升方案

本次改造设计以晴朗乡一号宅为研究对象，从材料、构造到装饰，该建筑是川西北高寒地区石木结构民居的典型代表，为了保持原有建筑风貌，选择了外墙内保温方式。该方式不会破坏建筑的立面风貌，施工工艺也较为简单，也不受气候条件影响，施工完成后其墙面对室内装修水平有一定程度的提升。

6.3.1　提升方案一

首先是墙体保暖提升，本次采用 EPS 板作为外墙内保温材料。EPS 板是目前应用非常广泛、技术积累比较成熟的墙体保温材料，对提升墙体保温性能具有十分显著的效果，且具有施工简单便捷、物料成本较低的优点。其次是门窗改造，重点针对原有窗户进行保暖提升。晴朗乡一号宅的原有门窗均为木质门框、窗框，普通玻璃，部分窗框和墙体间缝隙较大，防风防寒性较差，同时部分墙体上有多处敞开的斗窗，密封性差。改造时将建筑外窗全部替换为双层中空断桥塑钢窗，门窗框与墙体间接缝处用发泡剂填充，用玻璃将斗窗封闭，避免漏风，增强建筑的气密性。屋面也是本次改造的重点，主要在保持原有结构形式的基础上进行保温提升。为了避免过多地拆除和减少新增荷载，屋面改造工程从屋内着手。将保温板通过梁下吊顶的方式处理在室内顶棚上，这样施工工艺简单，施工速度快，完成后效果与直接铺设在屋面上并无本质区别。提升方案一见图 6-4～图 6-9。

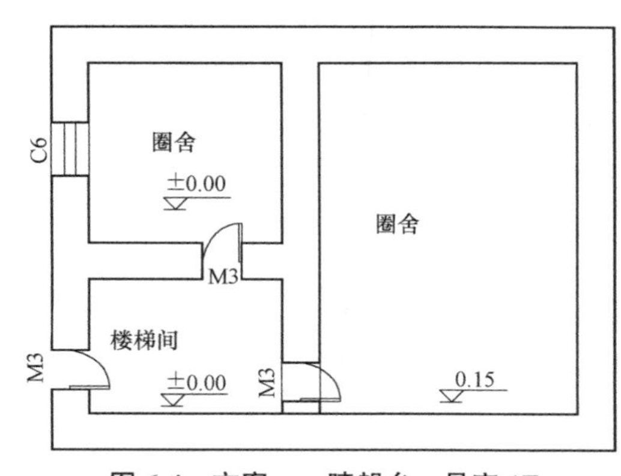

图 6-4　方案一：晴朗乡一号宅 1F

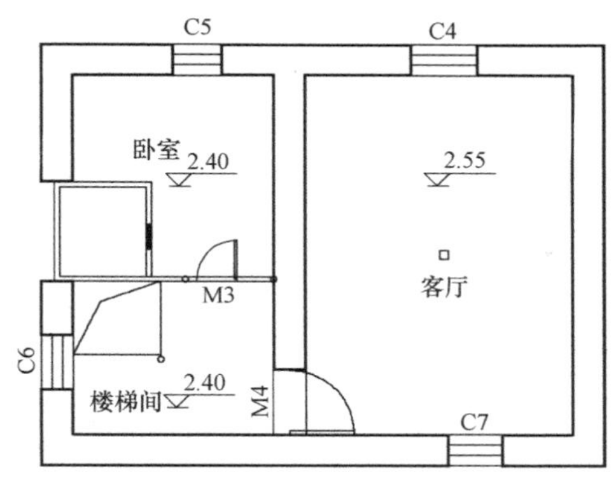

图 6-5　方案一：晴朗乡一号宅 2F

预计改造效果见表 6-2，外墙改造后传热系数 0.70W/(m^2 · K)，相比于改造前提升了 62.37%，屋顶改造后传热系数 0.41W/(m^2 · K)，相比于改造前提升了 88.35%，外窗改造后传热系数 2.30W/(m^2 · K)，相比于改造前提升了 51.06%。综合来说，对建筑外围护结构提升效果明显。

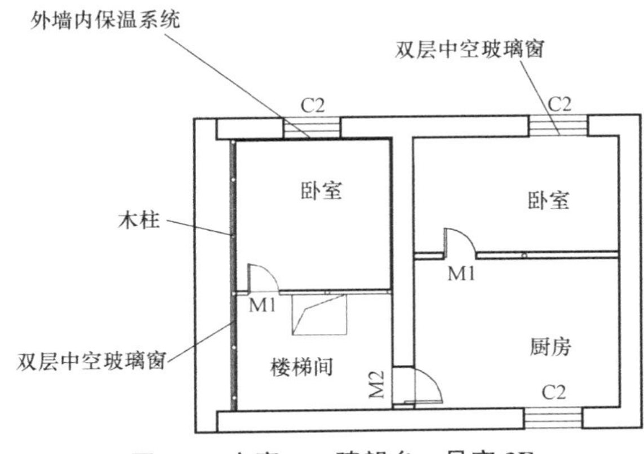

图 6-6　方案一：晴朗乡一号宅 3F

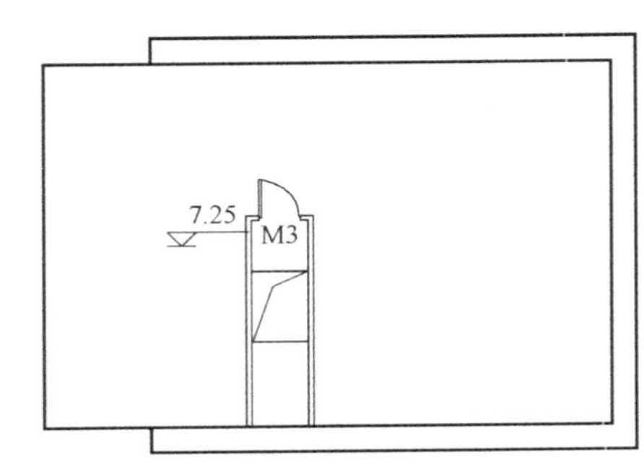

图 6-7　方案一：晴朗乡一号宅屋面

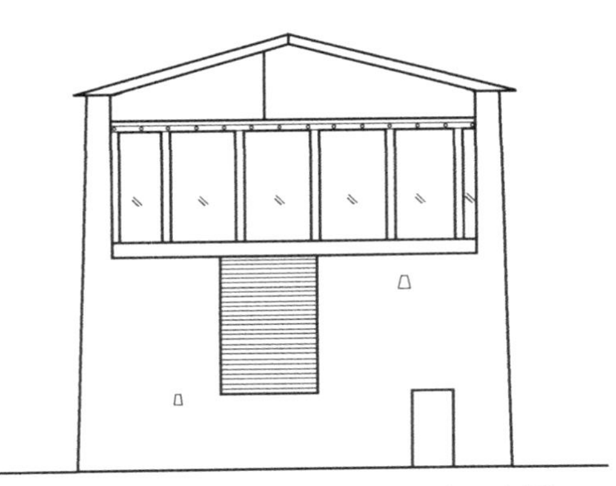

图 6-8　方案一：晴朗乡一号宅正立面

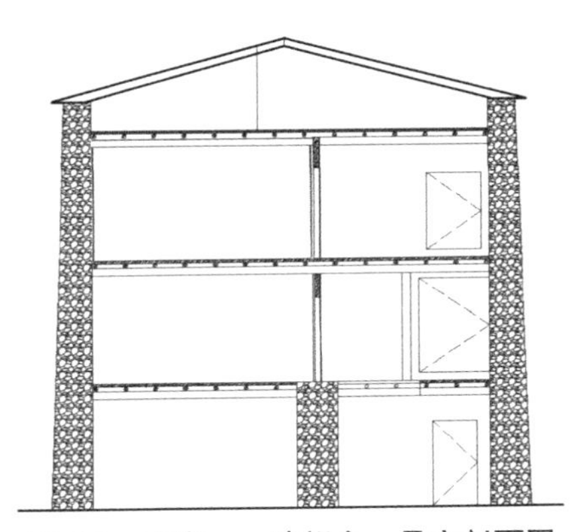

图 6-9　方案一：晴朗乡一号宅剖面图

改造前后预计效果（方案一）　　表 6-2

构件名称	改造前	改造后	改造前传热系数[W/(m²·K)]	改造后传热系数[W/(m²·K)]	提升效果
外墙	750mm 厚石砌墙体	750mm 石砌墙体＋20mm 水泥砂浆＋50mmEPS 板＋20mm 水泥砂浆＋5mm 石灰砂浆	1.86	0.70	62.37%
屋顶	10mm 厚混凝土＋50mm 厚夯实土壤＋50mm 厚树枝(碎柴禾)＋编篱	20mm 石棉水泥板＋5mmSBS 改性沥青防水卷材＋20mm 水泥砂浆＋50mmEPS 板＋5mm 聚氨酯硬泡沫塑料＋20mm 水泥砂浆	3.52	0.41	88.35%
外窗	普通 5mm 单层白玻璃，木窗框	双层中空玻璃，塑钢窗	4.70	2.30	51.06%

方案一利用独特的 L 形免跟踪太阳能聚光采暖方案（图 6-10），结合改造后建筑自身的保温性能，可以达到完全利用太阳能实现建筑采暖取代生火采暖的目的。

该系统集热面得到的辐照量随着不同季节太阳高度角的变化而变化，冬天最多，夏天最少。符合川西北高寒地区民居对热量的需求。集热器近于直立的安装方式，既可以避开

图 6-10 固定式平面反射镜现场图

冬季降雪对采光板的遮挡，又可以预防夏季冰雹对玻璃管的突袭，大幅度提高太阳贡献率和安全性，同时降低了千瓦成本。满足同样采暖负荷的采暖装备无论初投资还是运行费用都有大幅度降低。是一种既提高辐照强度又无须配置复杂、昂贵且容易出故障的跟踪设备的独特技术，与无反射镜光热统、高聚光比的光热工程（如塔式发电）相比成本更低。

6.3.2 提升方案二

围护结构方面，通过给外墙、屋面增设保温层提高外墙、屋面的热阻，降低其传热系数，减少建筑的热量损失。三层南向卧室设置直接受益式外窗，外层采用白色透明单层玻璃，内侧采用中空玻璃，争取日间最大得热。提升方案二见图 6-11～图 6-16。

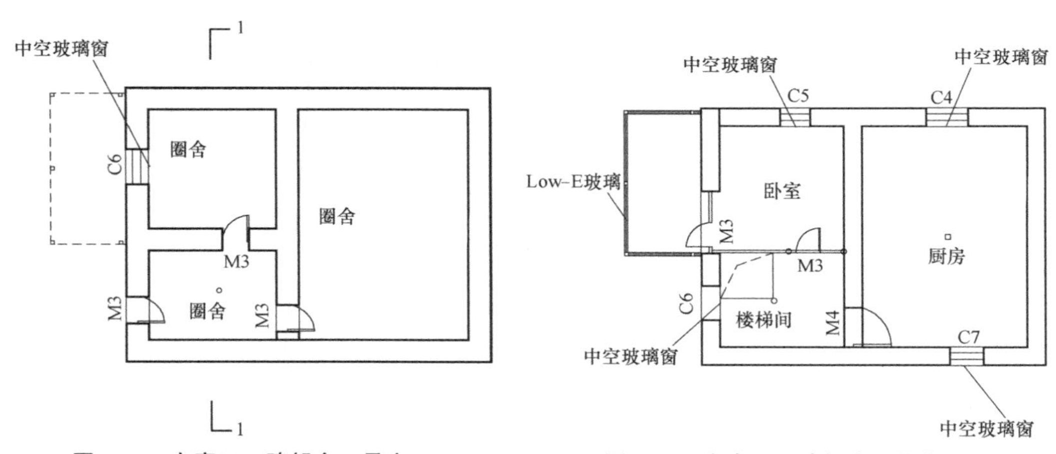

图 6-11 方案二：晴朗乡一号宅 1F

图 6-12 方案二：晴朗乡一号宅 2F

为了达到最大的太阳能被动利用率，对二层房间设置了附加阳光间和通风口（图 6-17、图 6-18），阳光间内侧墙体采用深色氟碳漆喷涂，白天太阳辐射使阳光间内部温度升高，热风通过通风口（开启）进入到室内，提升室内的环境温度，当夜晚没有太阳辐射且气温降低时，关闭通风口，防止建筑室内热量的散失，阳光间空气间层形成一个空间保温间层，有效地延缓建筑墙体热量的散失（图 6-19）。

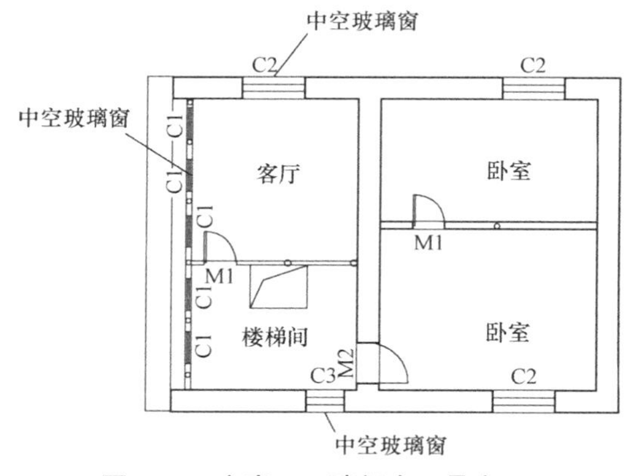

图 6-13　方案二：晴朗乡一号宅 3F

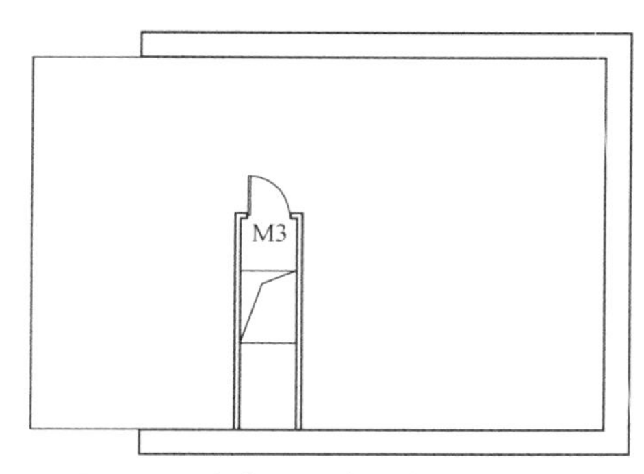

图 6-14　方案二：晴朗乡一号宅屋面

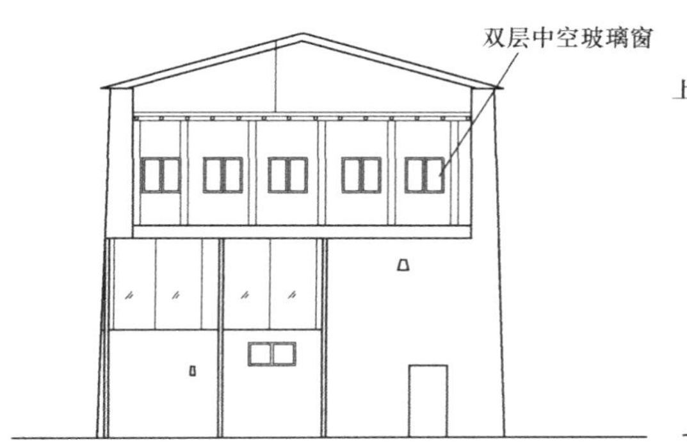

图 6-15　方案二：晴朗乡一号宅立面

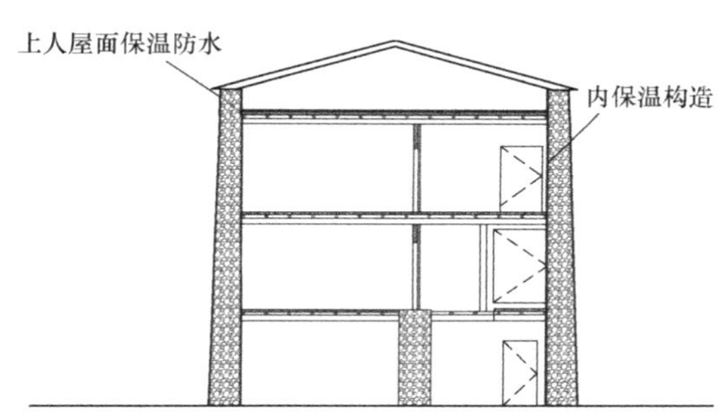

图 6-16　方案二：晴朗乡一号宅剖面

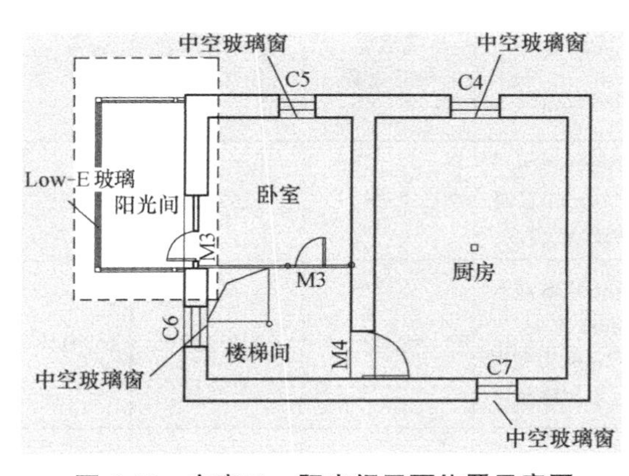

图 6-17　方案二：阳光间平面位置示意图

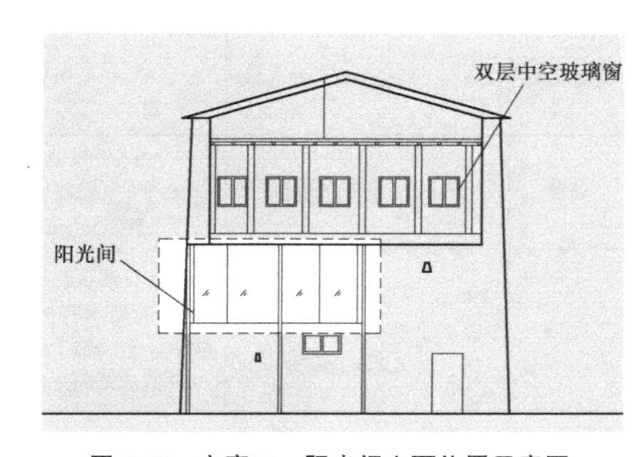

图 6-18　方案二：阳光间立面位置示意图

预计改造效果见表 6-3，外墙改造后传热系数 0.50W/(m^2·K)，相比于改造前提升了 73.12%，屋顶改造后传热系数 0.32W/(m^2·K)，相比于改造前提升了 90.91%，外窗改造后传热系数 2.30 W/(m^2·K)，相比于改造前提升了 51.06%。综合来说，对建筑外围护结构提升效果明显。

综合对比方案一和方案二，均采用外墙内保温系统墙、更换原有木窗为中空保温窗、对屋顶进行保温改造这三种做法提升围护结构的保温性能。方案一运用主动式太阳能设备

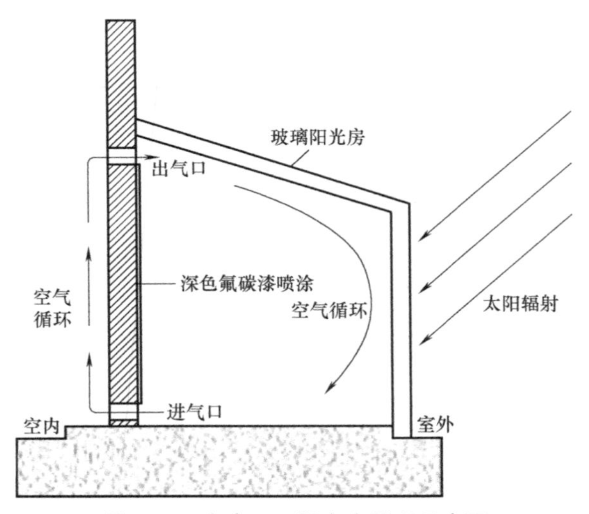

图 6-19　方案二：阳光房原理示意图

增强建筑采暖效果，方案二利用被动式太阳房增强建筑采暖效果，两者均是清洁采暖方式。两者相对比后，方案一的优点在于可以供应的建筑采暖面积更大，使房间采暖不受朝向限制，能创造更加稳定的室内温度环境，此外太阳能还能提供热水，使生活更加便捷，但是改造实现成本高，太阳能集热器安装对室外空间有限制，需要定期维护；方案二的优点在于拓展了建筑使用空间，改造实现成本低且易于实现，但是采暖效果不如方案一，在夏季时会导致室内过热，对气密性、防水工艺要求较高。

改造前后预计效果（方案二）　　表 6-3

构件名称	改造前	改造后	改造前传热系数[W/(m²·K)]	改造后传热系数[W/(m²·K)]	提升效果
外墙	750mm 厚石砌墙体	750mm 石砌墙体＋20mm 水泥砂浆＋60mmEPS 板＋20mm 水泥砂浆＋5mm 石灰砂浆	1.86	0.50	73.12%
屋顶	10mm 厚混凝土＋50mm 厚夯实土壤＋50mm 厚树枝(碎柴禾)＋编篱	20mm 石棉水泥板＋5mmSBS 改性沥青防水卷材＋20mm 水泥砂浆＋80mmEPS 板＋5mm 聚氨酯硬泡沫塑料＋20mm 水泥砂浆	3.52	0.32	90.91%
外窗	普通 5mm 单层白玻璃，木窗框	Low-E 玻璃＋塑钢窗	4.70	2.30	51.06%

6.4　土木结构民居布瓦寨一号宅提升方案

为提升建筑绿色性，不仅需要满足建筑节约资源、保护环境的要求，更需要结合当地实际情况，提高建筑宜居性，满足居民的审美、使用、心理、身体健康等方面的需求。通过对现状分析可知，川西北高寒地区土木结构传统民居保暖性仍有较大提升潜力。本次研究以布瓦寨一号宅为例，通过对墙顶地、门窗以及室内空间布局做出调整，提出了三套提升方案并通过绿建斯维尔软件模拟出改造结果。

首先提升方案在满足生活需求并且交通流线合理的基础上，对室内底层空间重新进行划分，二楼保留仓储属性不变，较大化利用太阳辐射热来满足居民日常居住的舒适性，从而减少采暖能耗。调整后底层布置如图 6-20 所示。

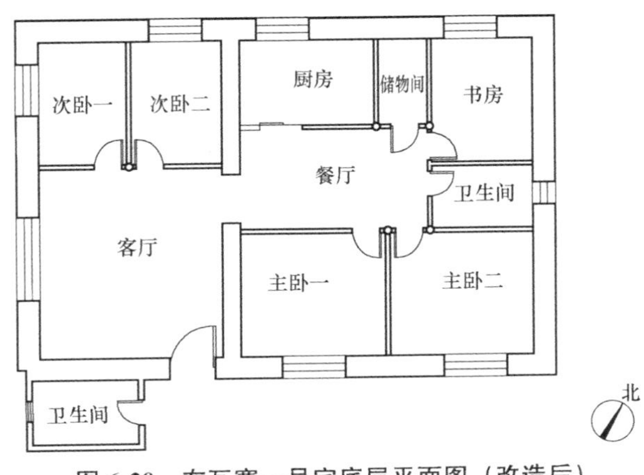

图 6-20 布瓦寨一号宅底层平面图（改造后）

对窗户的调整也是本次改造的重点。合理的开窗尺寸以及朝向可以增加建筑吸收的太阳辐射热，减少热量损失，并可改善因开窗面积不足以及朝向不佳导致的采光通风问题。为此提升方案对布瓦寨一号宅的窗洞进行了调整，遵循南向加大开窗，东西北向减小开窗或尽量不开窗的原则，窗洞具体位置以及平面布置如图 6-20 所示，窗户尺寸见表 6-4。

布瓦寨一号宅窗户调整表 **表 6-4**

设计编号	所属房间	洞口尺寸(mm)	数量
C0609	卫生间	600×900	2
C1215	次卧一、次卧二、厨房、书房	1500×1200	4
C1815	主卧一、主卧二	1800×1500	2
C2418	客厅	2400×1800	1

由于布瓦寨一号宅门窗的密闭性能不足，结合大面积的单层玻璃导致其成为外围护结构热工性能的薄弱环节，其耗热量不可忽视。对比不同节能玻璃的特性，最后决定在提升方案中将布瓦寨一号宅窗扇的单层玻璃全部更换为 Low-E 玻璃。门及窗框仍然选用热工性能较好的木质；另外木材是传统土木结构民居的重要辅材料，保留木质门窗可以较大程度地延续传统民居的建筑风格。针对既有建筑门窗框无法与外墙完全贴合导致漏风的情况，须通过打发泡胶、玻璃胶等方式对门窗框的缝隙进行封堵，以减少热能损失，提升采暖能效。

6.4.1 提升方案一

提升方案一采用 60mm 厚和 40mm 厚聚苯乙烯泡沫板（EPS 板）分别作为外墙内保温系统和屋顶的保温材料，墙体剖面见图 6-21。因其保温效果好、质量轻、成本低廉、隔声、防潮、施工工艺简单、技术成熟等优点，也常被应用于建筑、冷冻、冷藏等的材料。《农村居住建筑节能设计标准》GB/T 50824—2013 中针对严寒和寒冷地区农村居住建筑推荐了七种自保温墙体构造形式和材料厚度，其中四种保温构造形式均采用聚苯乙烯泡沫板作为保温材料。

预计改造效果见表 6-5，外墙改造后传热系数 0.39W/(m^2·K)，相比于改造前提升了 76.22%，屋顶改造后传热系数 0.44W/(m^2·K)，相比于改造前提升了 58.88%，外窗改造后传热系数 2.30W/(m^2·K)，相比于改造前提升了 51.06%。综合来说，对建筑外围护结构提升效果明显。

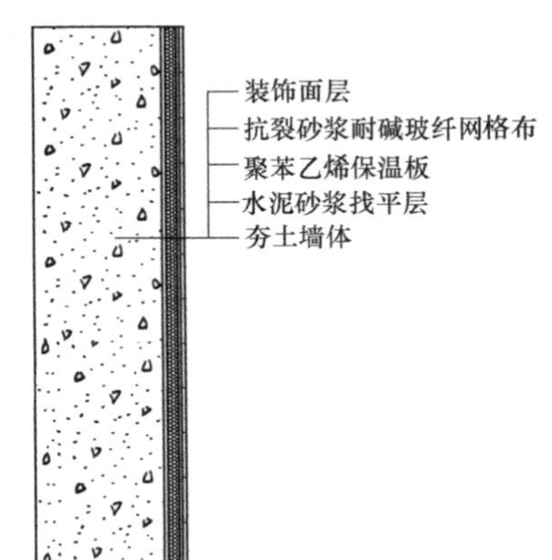

图 6-21 方案一：墙体内保温构造图

改造前后预计效果（布瓦寨一号宅方案一） 表 6-5

构件名称	改造前	改造后	改造前传热系数[W/(m^2·K)]	改造后传热系数[W/(m^2·K)]	提升效果
外墙	640mm 夯土墙体	640mm 夯土墙体＋20mm 水泥砂浆＋60mm 聚苯乙烯泡沫塑料（灰板）＋20mm 抗裂砂浆(网格布)	1.64	0.39	76.22%
屋顶	80mm 树枝＋260mm 黏土＋10mm 沥青油毡	80mm 树枝＋260mm 黏土＋10mm 沥青油毡＋20mm 水泥砂浆＋40mm 聚苯乙烯泡沫塑料(灰板)＋5mm 抗裂砂浆(网格布)＋20mm 抹面砂浆	1.07	0.44	58.88%
外窗	普通 5mm 单层白玻璃,木窗框	Low-E 玻璃＋塑钢窗	4.70	2.30	51.06%

6.4.2 提升方案二

在南面加设阳光房，见图 6-23。阳光房的温室效应可有效利用川西北高寒地区充足的太阳资源进行蓄热，并将热量传递至室内。居民可通过调节阳光房开窗大小以及遮阳窗帘和遮阳板等方式控制，以达到适宜温度。

提升方案二墙体内保温采用 60mm 厚和 40mm 厚挤塑聚苯乙烯泡沫板（XPS 板）分别作为外墙内保温系统和屋顶的保温材料，墙体剖面见图 6-22。XPS 和 EPS 具有相似的原材料，但制造工艺不同，因而在性能与应用方面有着各自的优点。XPS 和 EPS 的导热系数分别为 0.028W/(m·K)、0.045W/(m·K)。可见相较于 EPS，XPS 的导热性更低，并且 XPS 的抗湿性和抗蒸汽渗透性也高于 EPS，更具有适应潮湿环境的特性，在此运用能较好地应对布瓦寨冬冷夏潮的气候特征。

预计改造效果见表 6-6，外墙改造后传热系数 0.38W/(m^2·K)，相比于改造前提升了 76.83%，屋顶改造后传热系数 0.43W/(m^2·K)，相比于改造前提升了 59.81%，外窗改造后传热系数 2.30W/(m^2·K)，相比于改造前提升了 51.06%。综合来说，对建筑外围护结构提升效果明显。

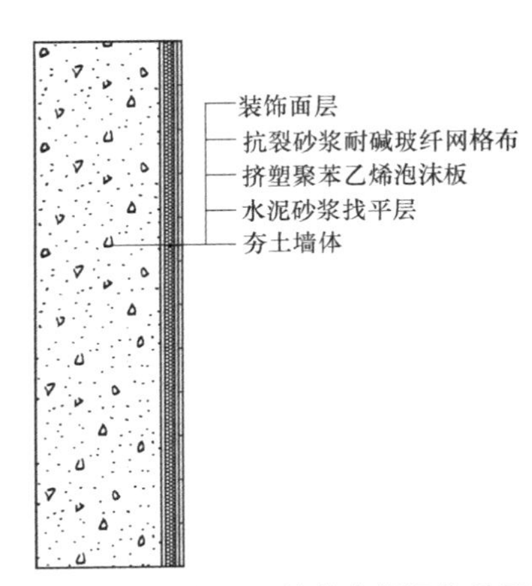

图 6-22　方案二：墙体内保温构造图

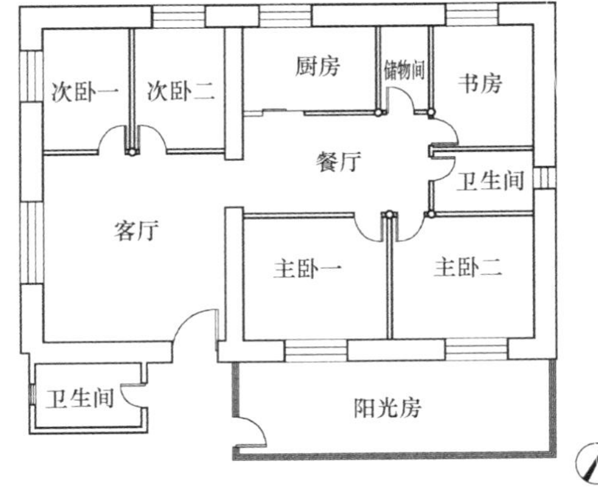

图 6-23　方案二平面图

改造前后预计效果（布瓦寨一号宅方案二）　表 6-6

构件名称	改造前	改造后	改造前传热系数[W/(m²·K)]	改造后传热系数[W/(m²·K)]	提升效果
外墙	640mm 夯土墙体	640mm 夯土墙体＋20mm 水泥砂浆＋60mm 挤塑聚苯乙烯泡沫塑料(带表皮)＋20mm 抗裂砂浆(网格布)	1.64	0.38	76.83%
屋顶	80mm 树枝＋260mm 黏土＋10mm 沥青油毡	80mm 树枝＋260mm 黏土＋10mm 沥青油毡＋20mm 水泥砂浆＋40mm 挤塑聚苯乙烯泡沫塑料(带表皮)＋5mm 抗裂砂浆(网格布)＋20mm 抹面砂浆	1.07	0.43	59.81%
外窗	普通 5mm 单层白玻璃,木窗框	Low-E 玻璃＋塑钢窗	4.70	2.30	51.06%

6.4.3　提升方案三

提升方案三采用 60mm 厚和 40mm 厚胶粉聚苯泡沫颗粒分别作为外墙内保温系统和屋顶的保温材料，墙体剖面见图 6-24。胶粉聚苯泡沫颗粒同样具有保温性能好、性价比高、易于施工、整体性好、不易开裂等优点，常用作建筑外墙体保温材料，适用于异形墙面，但导热系数略高于 EPS 与 XPS。

此外方案三选用了太阳墙新风供暖系统（图 6-25），太阳墙新风供暖系统是集升温与通风为一体的新技术。该系统的核心组件是太阳墙板，能最大限度地将太阳能转换为热能。冬季，室外新鲜空气经太阳墙系统加热后，由鼓风机泵入室内，达到供暖和通风的双重目的。而夏季不需要供暖时，温度感应器和控制器将打开节气阀，将空气直接传送到室内进行降温。该系统具有吸收太阳能效率高、成本低、安装简便等优点（图 6-26）。该系统安装在建筑西南面，建筑其他立面采用胶粉聚苯颗粒外墙外保温系统，为增强太阳墙供暖功能的使用效果，该方案拆除了原建于住宅主体外的储物间。

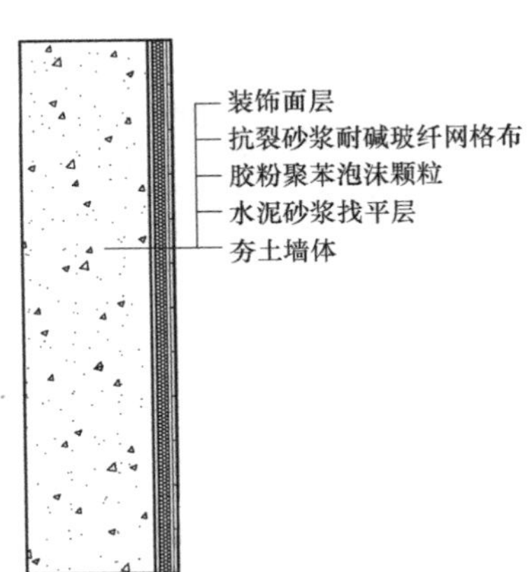

图 6-24　方案二：墙体内保温构造图

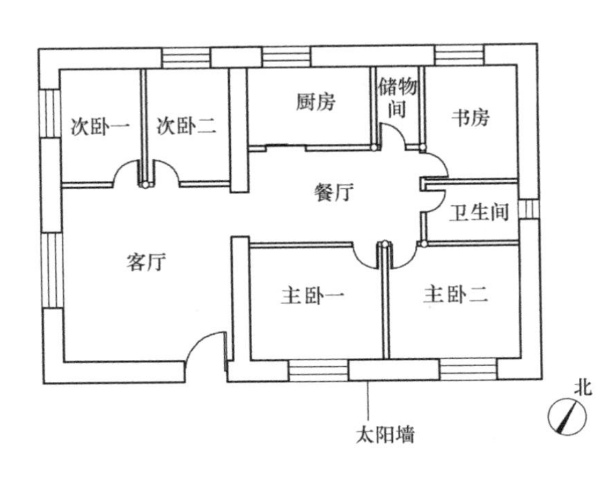

图 6-25　方案三平面图

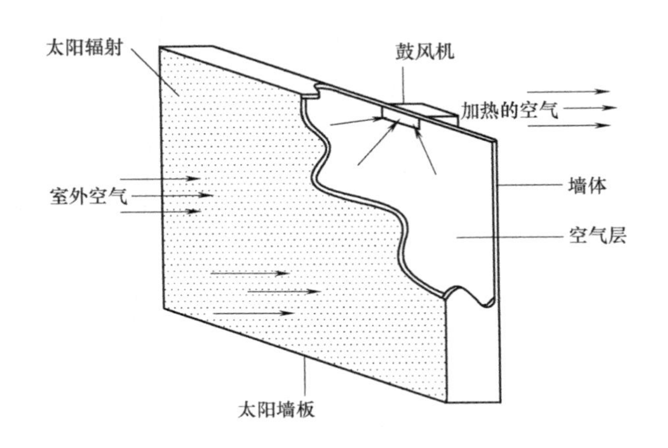

图 6-26　太阳墙新风供暖系统示意图

预计改造效果见表 6-7，外墙改造后传热系数 0.45W/(m^2·K)，相比于改造前提升了 72.56%，屋顶改造后传热系数 0.49W/(m^2·K)，相比于改造前提升了 54.21%，外

改造前后预计效果（布瓦寨一号宅方案三）　　表 6-7

构件名称	改造前	改造后	改造前传热系数 [W/(m^2·K)]	改造后传热系数 [W/(m^2·K)]	提升效果
外墙	640mm 夯土墙体	640mm 夯土墙体＋水泥砂浆＋60mm 粉胶聚苯泡沫颗粒＋20mm 抗裂砂浆(网格布)	1.64	0.45	72.56%
屋顶	80mm 树枝＋260mm 黏土＋10mm 沥青油毡	80mm 树枝＋260mm 黏土＋10mm 沥青油毡＋20mm 水泥砂浆＋40mm 粉胶聚苯泡沫颗粒＋5mm 抗裂砂浆(网格布)＋20mm 抹面砂浆	1.07	0.49	54.21%
外窗	普通 5mm 单层白玻璃,木窗框	Low-E 玻璃＋塑钢窗	4.70	2.30	51.06%

窗改造后传热系数 2.30W/(m^2 · K)，相比于改造前提升了 51.06%。综合来说，对建筑外围护结构提升效果明显。

6.5 木结构民居瓦达村一号宅提升方案

川西北高寒地区木结构民居墙体构造形式多样，有些为了遮挡高原凛冽的寒风和加固建筑，民居底层墙体采用密度更高、更坚固的混凝土或片石墙，其他部位墙体为单一木质外墙，经过处理的木质外墙集保温隔热、结构保护等功能为一体。也有一些为三面崩科式木结构，另一面为阻挡高原寒风，采用夯土、砂浆石砌或者混凝土砌筑整片外墙，内附木板墙（图 6-27、图 6-28），有的还会在石砌墙和木板墙之间预留缝隙，在形成空气间层的同时还可以防止因外部石墙倒塌而破坏内部木墙。本次选取炉霍县瓦达村一号宅为改造对象，主要改造内容为生活居室的墙体和外窗。对于外窗的优化提升全部采取 6mm+12A+6mm 双层中空玻璃的方式，值得注意的是木墙体由于易受气温影响而产生形变，因而在墙体与门窗框交接处容易产生缝隙，导致室内热量散失。故在改造外窗时，需在门窗与墙体的交接处采用闭孔泡沫塑料进行填充，并在表面用密封胶密封。

图 6-27　石墙、木墙复合墙体

图 6-28　纯木崩科墙

瓦达村一号宅的二层阳台位置处于得热最多的朝向，其现状是窗台未加隔断，顶部用彩钢板遮挡（图 6-29、图 6-30）。将其顶部彩钢板和窗框位置替换为中空玻璃材质（图 6-31、图 6-32），形成集热房，可以供暖给二楼大厅。这样既能满足日常的休憩需求，又能更好地降低建筑能耗，提供舒适的生活环境。

图 6-29　阳台现状（一）

图 6-30　阳台现状（二）

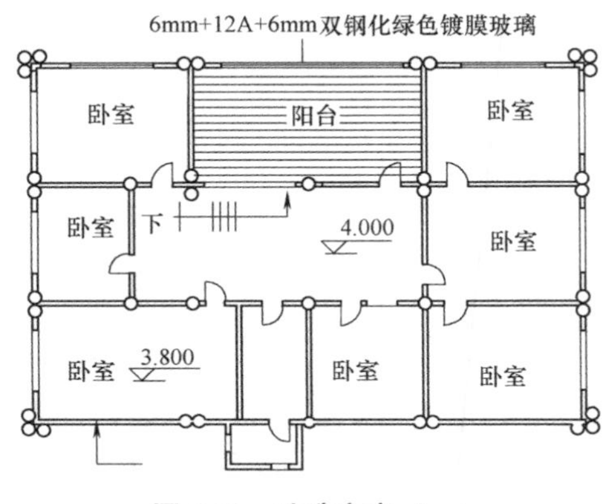

图 6-31　改造方案（一）

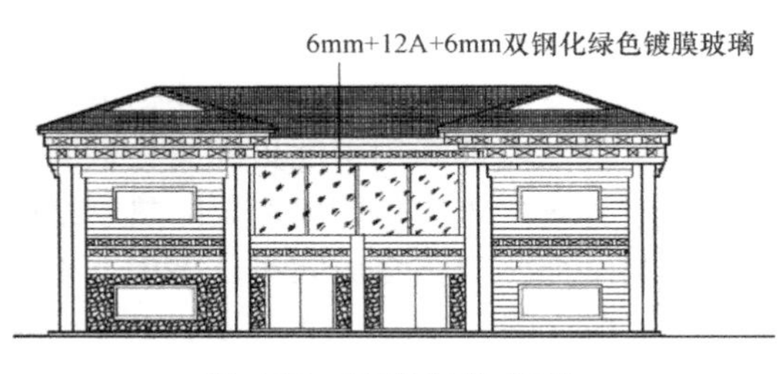

图 6-32　改造方案（二）

6.5.1　提升方案一

提升方案一见图 6-33、图 6-34，对于北侧石墙和木板墙组成的复合墙体，将内部木墙内移 20mm，使两面墙体之间形成 20mm 保温空腔（图 6-35）；对于纯木崩科墙（图 6-36）增设 50mm 厚木胶合板保温隔热层，并与原来的木墙体预留 20mm 空腔，形成空气间层。将所有窗扇替换成 6mm＋12A＋6mm 双层镀膜玻璃。

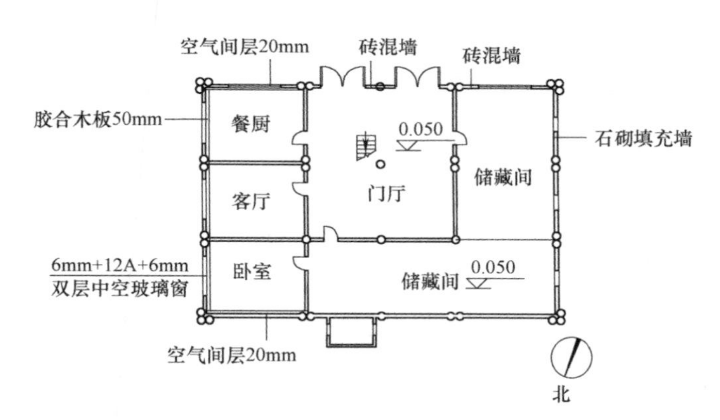

图 6-33　方案一：瓦达村一号宅 1F

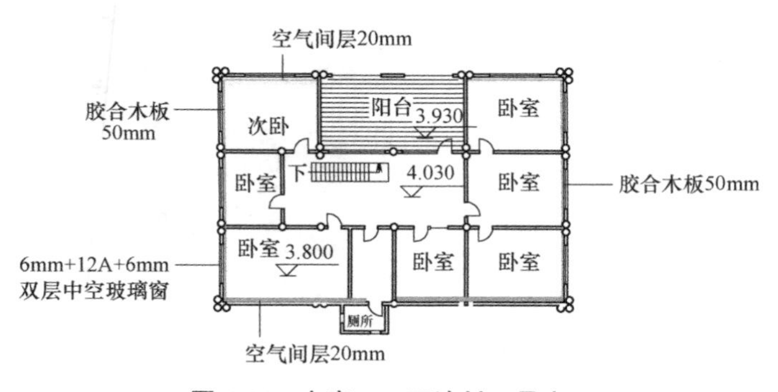

图 6-34　方案一：瓦达村一号宅 2F

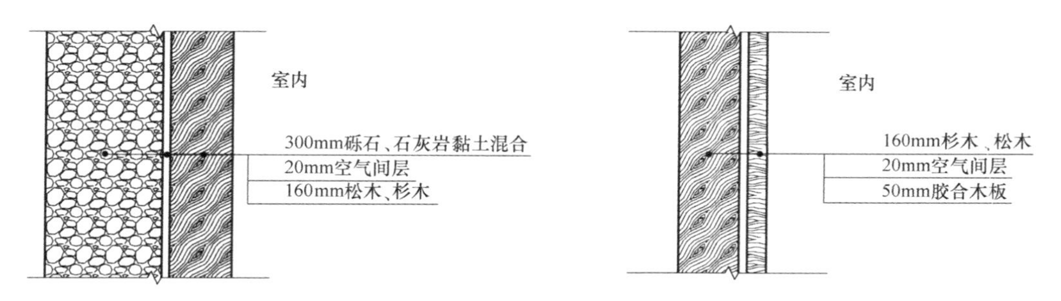

图 6-35　方案一：复合墙体构造　　图 6-36　方案一：木墙体构造

预计改造效果见表 6-8，复合外墙改造后传热系数 0.44W/(m^2·K)，相比于改造前提升了 36.23%，木外墙改造后传热系数 0.41W/(m^2·K)，相比于改造前提升了 46.75%，外窗改造后传热系数 1.76W/(m^2·K)，相比于改造前提升了 62.55%。综合来说，对建筑外围护结构提升效果明显。

改造前后预计效果（瓦达村一号宅方案一）　表 6-8

构件名称	改造前	改造后	改造前传热系数 [W/(m^2·K)]	改造后传热系数 [W/(m^2·K)]	提升效果
复合墙体	300mm 砾石、石灰岩+160mm 松木、云杉（热流方向垂直木纹）	300mm 砾石、石灰岩+20mm 空气间层+160mm 松木、云杉(热流方向垂直木纹)	0.69	0.44	36.23%
木墙	160mm 松木、云杉（热流方向垂直木纹）	160mm 松木、云杉(热流方向垂直木纹)+20mm 空气间层+50mm 胶合木板	0.77	0.41	46.75%
外窗	普通塑钢窗	6mm+12A+6mm 双层镀膜玻璃	4.70	1.76	62.55%

6.5.2　提升方案二

提升方案二见图 6-37、图 6-38，对于北侧石墙和木板墙复合墙体，将内部木墙内移 15mm，使两面墙体之间形成 15mm 空腔（图 6-39）；对于纯木崩科墙（图 6-40）内增加

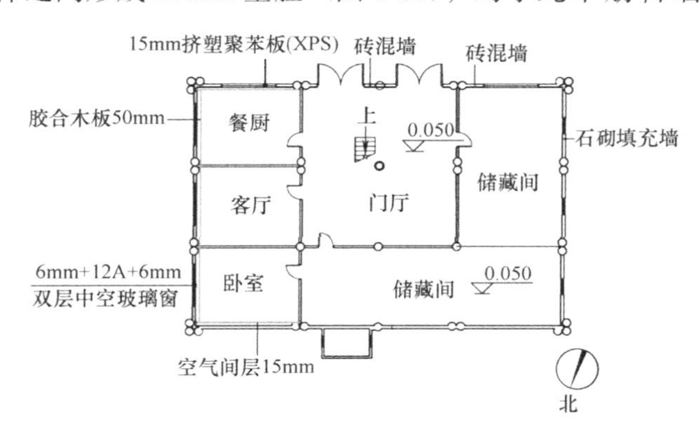

图 6-37　方案二：瓦达村一号宅 1F

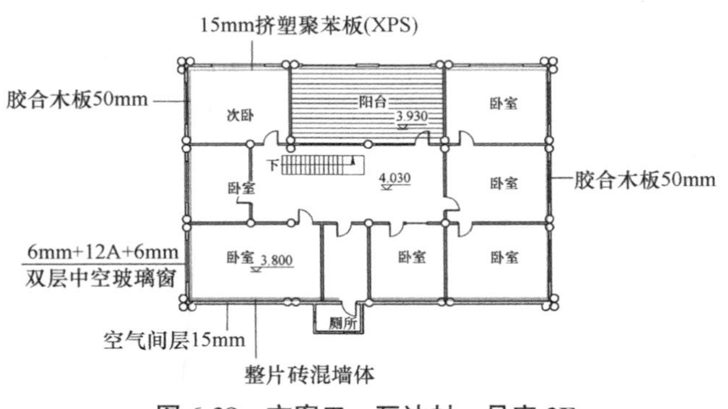

图 6-38　方案二：瓦达村一号宅 2F

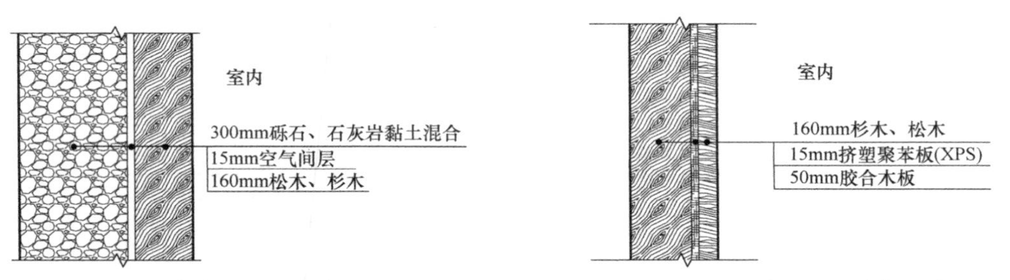

图 6-39　方案二：复合墙体构造　　图 6-40　方案二：木墙体构造

15mmXPS 保温板，再在保温板上增设 50mm 厚木胶合板形成保护层。将所有窗扇替换成 6mm＋12A＋6mm 双层镀膜玻璃。

预计改造效果见表 6-9，石外墙改造后传热系数 0.48W/(m^2 · K)，相比于改造前提升了 30.43%，木外墙改造后传热系数 0.48W/(m^2 · K)，相比于改造前提升了 37.66%，外窗改造后传热系数 1.76 W/(m^2 · K)，相比于改造前提升了 62.55%。综合来说，对建筑外围护结构提升效果明显。

改造前后预计效果（瓦达村一号宅方案三）　　表 6-9

构件名称	改造前	改造后	改造前传热系数 [W/(m^2 · K)]	改造后传热系数 [W/(m^2 · K)]	提升效果
复合墙体	300mm 砾石、石灰岩＋160mm 松木、云杉（热流方向垂直木纹）	300mm 砾石、石灰岩＋15mm 空气间层＋160mm 松木、云杉（热流方向垂直木纹）	0.69	0.48	30.43%
木墙	160mm 松木、云杉（热流方向垂直木纹）	160mm 松木、云杉（热流方向垂直木纹）＋15mm 挤塑聚苯板(XPS)＋50mm 胶合木板	0.77	0.48	37.66%
外窗	普通塑钢窗	6mm＋12A＋6mm 双层镀膜玻璃	4.70	1.76	62.55%

6.5.3　提升方案三

提升方案三见图 6-41、图 6-42，对于北侧石墙和木板墙组成的复合墙体，将内部木墙内移20mm后做XPS保温板构造（图6-43）；对于纯木崩科墙体（图6-44）再在内壁增设40mm厚木胶合板，形成200mm厚墙体。将所有窗扇替换成6mm＋12A＋6mm双层镀膜玻璃。

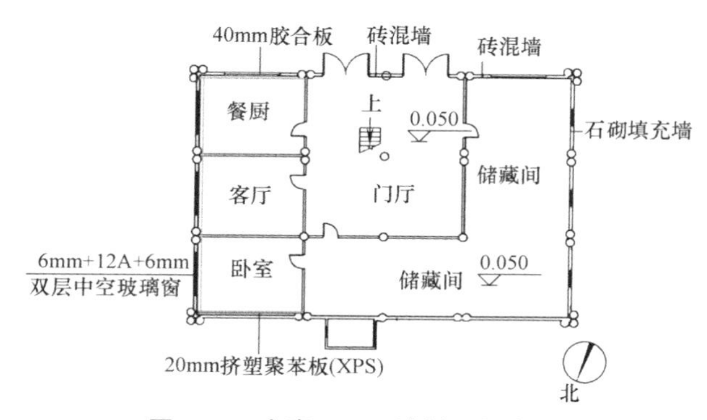

图6-41　方案三：瓦达村一号宅1F

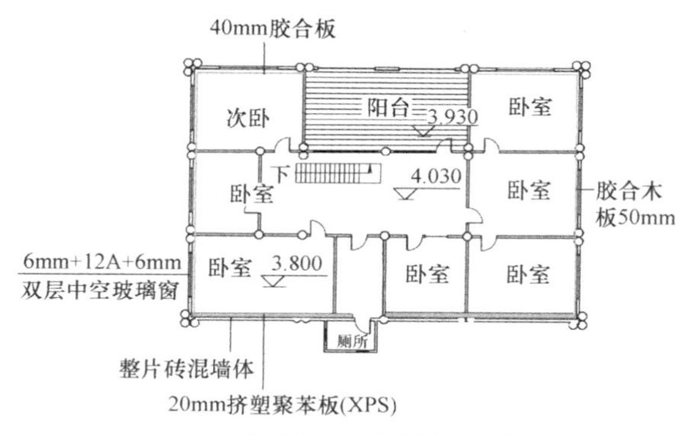

图6-42　方案三：瓦达村一号宅2F

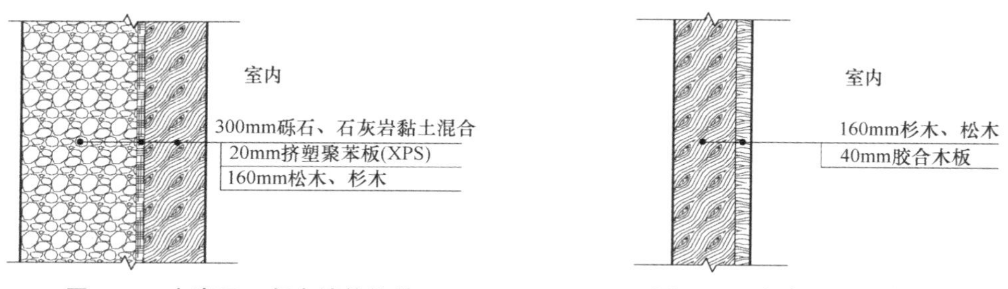

图6-43　方案三：复合墙体构造　　　　图6-44　方案三：木墙体构造

预计改造效果见表6-10，复合外墙改造后传热系数0.48W/(m^2·K)，相比于改造前提升了30.43%，木外墙改造后传热系数0.63W/(m^2·K)，相比于改造前提升了18.18%，外窗改造后传热系数1.76W/(m^2·K)，相比于改造前提升了62.55%。综合来说，对建筑外围护结构提升效果明显。

通过三种方案对比，在尽量不大拆大建、节约用材的情况下，对于北侧复合墙体的改造方案是使其脱离，形成20mm空气间层。该改造方案使得北侧复合墙体的传热系数降低到0.43，在满足小于0.45标准值的同时，还不需要增设保温材料，同时复合墙体适度脱离对于房屋的抗倒塌也有一定益处。对于纯木结构的墙体三种优化方案，也是增设20mm空气间层的方案对于保温隔热性提升最大。

改造前后预计效果（瓦达村一号宅方案三） 表6-10

构件名称	改造前	改造后	改造前传热系数 [W/(m^2·K)]	改造后传热系数 [W/(m^2·K)]	提升效果
复合墙体	300mm砾石、石灰岩+160mm松木、云杉（热流方向垂直木纹）	300mm砾石、石灰岩+20mm挤塑聚苯板(XPS)+160mm松木、云杉（热流方向垂直木纹）	0.69	0.48	30.43%
木墙	160mm松木、云杉（热流方向垂直木纹）	160mm松木、云杉(热流方向垂直木纹)+40mm松木、云杉(热流方向垂直木纹)	0.77	0.63	18.18%
外窗	普通塑钢窗	6mm+12A+6mm双层镀膜玻璃	4.70	1.76	62.55%

参考文献

［1］ 常青．我国风土建筑的谱系构成及传承前景概观——基于体系化的标本保存与整体再生目标［J］．建筑学报，2016（10）：1-9．

［2］ 常琛．严寒地区居住建筑采暖能耗特征分析与评价模型构建研究［D］．天津：天津大学，2020．

［3］ 畅明．川西藏区低能耗居住建筑热工优化研究［D］．西安：长安大学，2019．

［4］ 陈宏，甘月朗．从绿色建筑评价体系看绿色建筑的设计原则——街区尺度篇［J］．建筑学报，2016(2)：61-65．

［5］ 陈红兵，薛闪闪，李德英，等．既有居住建筑外墙保温厚度优化及减排效益分析［J］．科学技术与工程，2022，22（13）：5374-5380．

［6］ 陈玉．川西高原石砌民居围护结构节能优化研究［D］．绵阳：西南科技大学，2018．

［7］ 崔璐璐．基于不同能耗计算方法的绿色建筑节能评价系统［J］．现代电子技术，2019，42（20）：145-148．

［8］ 崔文河．青海多民族地区乡土民居更新适宜性设计模式研究［D］．西安：西安建筑科技大学，2015．

［9］ 戴志中，杨宇振．中国西南地域建筑文化［M］．武汉：湖北教育出版社．2002．

［10］ 单德启．安徽民居［M］．北京：中国建筑工业出版社，2009．

［11］ 单德启．单德启建筑学术论文自选集：从传统民居到地区建筑［M］．北京：中国建材工业出版社，2004．

［12］ 单德启．以发展的眼光看待传统民居的保护与改造——访清华大学建筑学院教授单德启［J］．设计家，2009（06）：10-17．

［13］ 丁悦．呼包鄂地区农村住宅垂直围护结构热工性能比较研究［D］．呼和浩特：内蒙古工业大学，2021．

［14］ 董飞，赵伟．乡村聚落空间格局特征及影响因素分析——以铜梁区巴川街道为例［J］．西南师范大学学报（自然科学版），2021，46（3）：87-95．

［15］ 段丽萍，郑万模，李明辉，等．川西高原主要地质灾害特征及其影响因素浅析［J］．沉积与特提斯地质，2005（4）：95-98．

［16］ 冯妍．基于BIM技术的建筑节能设计软件系统研制［D］．北京：清华大学，2010．

［17］ 符越．苏南地区农村住宅围护结构低能耗技术适宜性评价体系研究［D］．南京：东南大学，2020．

［18］ 傅新．夏热冬冷地区超低能耗居住建筑被动式节能技术研究［D］．杭州：浙江大学，2019．

［19］ 顾孟潮．21世纪是生态建筑学时代［J］．中国科学基金，1988（1）：32-35．

［20］ 郝晓宇．宗教文化影响下的乡城藏族聚落与民居建筑研究——以乡城县那拉岗村为例［D］．西安：西安建筑科技大学，2013．

［21］ 何泉，刘大龙，朱新荣，等．川西高原藏族民居室内热环境测试研究［J］．西安建筑科技大学学报（自然科学版），2015，47（3）：402-406．

［22］ 季富政．中国羌族建筑［M］．成都：西南交通大学出版社，2000．

［23］ 冀媛媛，Paolo Vincenzo Genovese，车通．亚洲各国及地区绿色建筑评价体系的发展及比较研究［J］．工业建筑，2015，45（2）：38-41．

［24］ 家舜．建筑环境学［M］．北京：中央编译出版社，2014．

［25］ 建筑节能应用技术编写组．建筑节能应用技术［M］．上海：同济大学出版社，2011．

[26] 江亿. 我国建筑耗能状况及有效的节能途径 [J]. 暖通空调，2005（5）：30-40.
[27] 江宇. 丹巴地区传统藏族聚落初探 [D]. 重庆：重庆大学，2008.
[28] 蒋双龙，胡玉福，蒲琴，等. 川西北高寒草地沙化过程中土壤氮素变化特征 [J]. 生态学报. 2016，36（15）：4644-4653.
[29] 李俊清. BIM 技术在绿色建筑设计中的应用 [J]. 建筑结构，2020，50（13）：148-149.
[30] 李恺文. 基于类型对比的严寒地区被动式木构建筑全生命指标分析 [D]. 哈尔滨：哈尔滨工业大学，2020.
[31] 李魁. 寒冷地区农村既有住宅节能改造研究 [D]. 郑州：郑州大学，2019.
[32] 李蕾，李沁，刘金祥. 中、美、新三国绿色建筑评价标准对比分析 [J]. 建筑节能，2016，44（1）：102-106.
[33] 李玲燕，梁启刘，胡伟，等. 寒冷地区老旧住宅分散式采暖能耗影响因素及其作用机理研究——以西安市为例 [J]. 建筑科学，2021，37（10）：33-41.
[34] 李明. 基于 BIM 技术的节能建筑保温性能自动化测控系统 [J]. 科技通报，2022，38（4）：35-38+44.
[35] 李涛，刘丛红. LEED 与《绿色建筑评价标准》结构体系对比研究 [J]. 建筑学报，2011（3）：75-78.
[36] 李翔宇. 川藏茶马古道沿线聚落与藏族住宅研究（四川藏区）[D]. 重庆：重庆大学，2015.
[37] 李延俊. 西北旱区乡村住宅空间优化及热环境改善探析 [J]. 建筑节能，2019，47（12）：45-51.
[38] 连世洪，梁浩. 国内外绿色建筑发展对比研究 [J]. 建设科技，2021（15）：55-60.
[39] 梁益定. 建筑节能及其可持续发展研究 [M]. 北京：北京理工大学出版社，2019.
[40] 梁茵. 西南少数民族建筑景观研究 [M]. 北京：原子能出版社，2018.
[41] 林爱文. 自然地理学 [M]. 武汉：武汉大学出版社，2008.
[42] 林海燕，周辉，董宏，等. 建筑热工技术的研究与进展 [J]. 建筑科学，2013，29（10）：55-62+70.
[43] 凌霞. 宗教世俗化背景下的川西藏式民居建筑装饰艺术研究 [D]. 长沙：湖南大学，2020.

[44] 刘传庚. 中国能源低碳之路 [M]. 北京：中国经济出版社，2011.
[45] 刘方亮，徐智，赵永平等. 建筑设备 [M]. 北京：北京理工大学出版社，2016.
[46] 刘国锋，琚望静，冶建明，等. 基于 AHP-GIS 的西北干旱区聚落选址适宜性评价研究——以吐鲁番市为例 [J]. 中国农业资源与区划，2021，42（8）：129-139.
[47] 刘加平，张继良. 黄土高原新窑居 [J]. 建设科技，2004（19）：30-31.
[48] 刘加平，何知衡，杨柳. 寒冷气候类型与建筑热工设计对策 [J]. 西安建筑科技大学学报（自然科学版），2020，52（3）：309-314.
[49] 刘加平，胡越. 专访刘加平所有建筑走向绿色是历史的必然 [J]. 建筑创作，2021（6）：6-11.
[50] 刘加平. 建筑物理 [M]. 北京：中国建筑工业出版社，2009.
[51] 刘加平. 迈向绿色建筑文明新时代 [J]. 当代建筑，2020（5）：5+4.
[52] 刘建松，杜晓辉. 寒冷地区建筑屋顶坡度对建筑能耗影响的研究 [J]. 新型建筑材料，2015，42（9）：61-63+79.
[53] 刘松龄. 木材学 [M]. 北京：中国林业出版社，2006.
[54] 刘伟，周浩明. 川西高原崩科建筑的建造特点解析 [J]. 美术大观，2019（9）：114-115.
[55] 刘伟. 道孚崩科建筑 [M]. 北京：科学出版社，2018.
[56] 龙渡江. 挤塑聚苯乙烯的性能、应用及市场情况 [J]. 合成树脂及塑料，2021，38（3）：80-82+86.
[57] 卢玫珺，霍洪媛，欧阳金龙. 寒冷地区农村住宅外墙热工性能改善研究 [J]. 新型建筑材料，2008（7）：25-27.
[58] 马硕. 典型农村住宅地源热泵系统实验与模拟研究 [D]. 天津：天津商业大学，2020.

[59] 毛刚. 生态视野·西南高海拔山区聚落与建筑 [M]. 南京：东南大学出版社，2003.
[60] 祁清华，冯雅，谷晋川. 四川省被动式太阳房气候分区探讨 [J]. 四川建筑科学研究，2010，36 (6)：271-274.
[61] 钱晓倩，朱耀台. 基于间歇式、分室用能特点下建筑耗能的基础研究 [J]. 土木工程学报，2010，43 (S2)：392-399.
[62] 秦力，杨盼盼，史巍. 寒冷地区乡村既有居住建筑围护结构能耗实测分析 [J]. 新型建筑材料，2019，46 (5)：141-145+151.
[63] 饶戎. 绿色建筑 [M]. 北京：中国计划出版社，2008.
[64] 山东省建设厅执业资格注册中心. 注册建筑师考试手册（第二版）[M]. 济南：山东科学技术出版社，2003.
[65] 邵腾. 东北严寒地区乡村民居节能优化研究 [D]. 哈尔滨：哈尔滨工业大学，2018.
[66] 邵婷，杨尽，向明顺. 四川省不同地貌区乡村聚落空间格局及影响因素分析 [J/OL]. 西华师范大学学报（自然科学版）：1-11 [2022-04-20]. http://kns.cnki.net/kcms/detail/51.1699.N.20220413.0852.002.html
[67] 沈澄，庄昭重，刘道辉，等. 绿色建筑和我国绿色建筑发展 [J]. 环境与发展，2019，31 (2)：233-234.
[68] 沈婷婷. 夏热冬冷地区既有居住建筑节能改造策略研究 [D]. 杭州：浙江大学，2010.
[69] 石生泰，郝树声. 西部地区概况 [M]. 兰州：甘肃人民出版社，2000.
[70] 史晓燕. 建筑节能技术. [M]. 北京：北京理工大学出版社，2020.
[71] 舒波，张阳，王家倩，等. 被动式太阳能建筑整合设计研究进展及展望 [J]. 工业建筑，2021，51 (7)：177-184.
[72] 孙斌栋，王言言，张志强，等. 中国城市规模分布的形态和演化与城市增长模式——基于 Zipf 定律与 Gibrat 定律的分析 [J]. 地理科学进展，2022，41 (3)：361-370.
[73] 汤民，肖亚楠，武振羽. 绿色建筑大数据动态评估 [J]. 建设科技，2019 (12)：26-32.
[74] 唐晓军. 甘肃古代民居建筑与居住文化研究 [M]. 兰州：甘肃人民出版社，2011.
[75] 王力，李喜安，赵宁，等. 黏粒含量对黄土物理力学性质的影响 [J]. 中国地质灾害与防治学报，2018，29 (3)：133-143.
[76] 王文光，朱映占，赵永忠. 中国西南民族通史 [M]. 昆明：云南大学出版社，2015.
[77] 王学义，曾永明. 中国川西地区人口分布与地形因子的空间分析 [J]. 中国人口科学，2013 (3)：85-93+128.
[78] 王烨，胡文婷，孙鹏宝，等. 寒冷地区建筑负荷对围护结构热工参数的敏感性分析 [J]. 土木建筑与环境工程，2015，37 (3)：108-115.
[79] 王雨枫. 芒康县藏族民居的生态适应性特色研究 [J]. 城市规划，2019，43 (8)：81-88.
[80] 魏晓，董莉莉. 基于 LM-BP 算法的绿色建筑评价研究 [J]. 科技通报，2016，32 (2)：127-130+135.
[81] 文彦博，李沄璋，覃涵. 康巴藏区多林木地区藏式民居建筑文化及保护发展策略研究——以炉霍民居为例 [J]. 中华文化论坛，2016 (3)：129-133.
[82] 吴麒麟，张群，成辉. 川西河谷地区羌族板屋建筑空间的形成及演变规律 [J]. 建筑学报，2019 (S1)：64-69.
[83] 吴庆驰. 乡村绿色住宅设计研究 [D]. 杭州：浙江农林大学，2010.
[84] 吴维，吴尧. 绿色建筑节能设计中的 BIM 技术 [J]. 工业建筑，2019，49 (10)：230-231.
[85] 吴益坤，罗静，罗名海，等. 大都市区周边乡村聚落空间格局研究——以武汉市为例 [J]. 长江流域资源与环境，2022，31 (1)：37-48.
[86] 田野，罗静，崔家兴，等. 长江经济带旅游资源空间结构及其交通可进入性评价 [J]. 经济地理，2019，39 (11)：203-213.

[87] 邢栋. 现代办公建筑节能设计方法及策略研究 [D]. 青岛：青岛理工大学，2013.
[88] 熊梅. 我国传统民居的研究进展与学科取向 [J]. 城市规划，2017，41（2）：102-112.
[89] （英）R. M. F. 狄曼特著，吕绍泉译. 建筑物的保温 [M]. 北京：中国建筑工业出版社，1975.
[90] 杨嘉明，杨环，杨文键，等. 四川藏区的建筑文化 [M]. 成都：四川民族出版社，2006.
[91] 杨嘉铭，杨环. 四川藏区的建筑文化 [M]. 成都：四川民族出版社出版，2007.
[92] 杨盼盼. 寒冷地区农村既有住宅围护结构节能技术研究 [D]. 吉林：东北电力大学，2019.
[93] 杨素筠，用旦. 土碉房藏式夯土建筑之花 [N]. 阿坝日报，2020.
[94] 杨廷宝，戴念慈. 中国大百科全书：建筑、园林、城市规划 [M]. 北京：中国大百科全书出版社，1988.
[95] 叶启. 四川藏族住宅 [M]. 成都：四川民族出版社出版，1989.
[96] 岳巍. 农村住宅围护结构的节能优化设计 [D]. 青岛：青岛理工大学，2018.
[97] 曾忠忠. 基于气候适应性的中国古代城市形态研究 [D]. 武汉：华中科技大学，2011.
[98] 张成龙. 严寒地区既有居住建筑节能改造技术实施效果及政策分析 [D]. 哈尔滨：哈尔滨工业大学，2016.
[99] 张昊. 拉萨城市集合住宅太阳辐射利用与住区布局关联性研究 [D]. 西安：西安建筑科技大学，2021.
[100] 张洁，龙惟定. 区域建筑群间距对日射得热的影响研究 [J]. 建筑科学，2010，26（12）：84-87 +110.
[101] 张磊. 西部山地草原牧区牧民定居点居住建筑模式研究 [D]. 西安：西安建筑科技大学，2018.
[102] 张涛. 国内典型传统民居外围护结构的气候适应性研究 [D]. 西安：西安建筑科技大学，2013.
[103] 赵广杰. 日本林产学界的木质环境科学研究 [J]. 世界林业研究，1992（4）：53-58.
[104] 赵祥，龙恩深，张丽丽，等. 绿色建筑理念下的川西牧区新型游牧帐篷设计 [J]. 建筑科学，2013，29（2）：91-95.
[105] 郑志明. 川西地区传统村落空间形态图谱研究 [D]. 长沙：湖南大学，2020.

[106] 中国建筑能耗研究报告 2020. 建筑节能（中英文）[R]. 2021. 49（2）：1-6.
[107] 中华人民共和国住房和城乡建设部. 农村居住建筑节能设计标准 GB/T 50824—2013 [S]. 北京：中国建筑工业出版社，2014.
[108] 钟滨. 基于 BIM 的建筑能耗分析与节能评估研究 [D]. 北京：北京建筑大学，2016.
[109] 周春艳. 东北地区农村住宅围护结构节能技术适宜性评价研究 [D]. 哈尔滨：哈尔滨工业大学，2011.
[110] 周辉，董宏，孙立新，等. 居住建筑围护结构热工性能优化设计研究 [J]. 建筑科学，2015，31（10）：105-111.
[111] 周立军，陈烨. 中国传统民居形态研究 [M]. 哈尔滨：哈尔滨工业大学出版社，2017.
[112] 朱彬，马晓冬. 苏北地区乡村聚落的格局特征与类型划分 [J]. 人文地理，2011，26（4）：66-72.
[113] 朱建达. 小城镇空间形态发展规律——未来规划设计的新理念、新方法 [M]. 南京：东南大学出版社，2014.
[114] 朱良文. 传统民居价值与传承自序 [M]. 北京：中国建筑工业出版社，2011.
[115] 朱颖心，张寅平，李先庭，等. 建筑环境学 [M]. 北京：中国建筑工业出版社，2016.
[116] 石硕. 汶川地震灾区：岷江上游的人文背景与民族特点——兼论岷江上游区域灾后重建过程中对羌族文化的保护 [J]. 西南民族大学学报（人文社科版），2008（9）：5-10+292.
[117] Alanne K. Selection of renovation actions using multi-criteria “knapsack” model [J]. Automation in Construction，2004，13（3）：377-391.

[118] Altomonte S, Saadouni S, Schiavon S. Occupant satisfaction in LEED and BREEAM-certified office buildings [C]// 36th International Conference on Passive and Low Energy Architecture. Cities, Buildings, People: Towards Regenerative Environments (PLEA 2016). 2016.

[119] Gaia F. Search for the optimal window-to-wall ratio in office buildings in different European climates and the implications an total energy saving potential [J]. Solar Energy, 2016, 132: 467-492.

[120] Gou Z H, Prasad D, Lau S S Y. Are green buildings more satisfactory and comfortable? [J]. Habitat International, 2013, 39: 156-161.

[121] Khoshbakht M, Gou Z, Lu Y, et al. Are green buildings more satisfactory? A review of global evidence [J]. Habitat International, 2018: 57-65.

[122] Krstic-Fuundzic A, Kosié T. Assessment of energy and environmental performance of office building models: A case study [J]. Energy&Buildings, 2015, 115: 11-22.

[123] Sadineni S B, Madala S, Boehm, R F. Passive building energy savings: A review of building evelope companerts [J]. Renewable & Sustainable Energy reviews, 2011, 15 (8): 3617-3631.

[124] Shen H, Tzempelikos A. Sensitivity analysis on daylighting and energy performance of perimeter offices with automated shading [J]. Building and Environment, 2013, 59: 303-314.

[125] Yudelson J. Greening Existing Buildings [M]. New York: McGraw-Hill Professional, 2009.

[126] Zou J, Zhao Z Y. Green building research-current status and future agenda: A review [J]. Renewable & Sustainable Energy Reviews, 2014, 30: 271-281.